超快等离激元动力学演化的表征与控制

宋晓伟　季博宇　秦　将　林景全　著

国防工业出版社
·北京·

内 容 简 介

本书首先介绍了表面等离激元研究的背景和意义,重点综述了超快等离激元动力学演化的研究进展;然后系统地描述了表面等离激元的产生及基本特性,并给出了超快等离激元动力学演化过程的理论解释,同时对纳米结构等离激元的控制做了详细的理论分析;最后借助 ITR-MPPEEM 技术对纳米蝶形结构和石门结构中的超快等离激元动力学演化过程进行了近场成像表征。并且,系统研究了飞秒激光脉冲的偏振角度对蝶形纳米结构产生的等离激元场分布以及动力学演化的影响。

本书可作为光学或微电子学等专业本科生的参考书或学习资料,也可作为激光与物质相互作用、纳米光子学以及光电子学等领域研究生和专业研究人员的参考书。

图书在版编目(CIP)数据

超快等离激元动力学演化的表征与控制/宋晓伟等著. —北京:国防工业出版社,2020.10

ISBN 978-7-118-12183-4

Ⅰ. ①超… Ⅱ. ①宋… Ⅲ. ①等离子体物理学—研究 Ⅳ. ①O53

中国版本图书馆 CIP 数据核字(2020)第 169368 号

※

*国防工业出版社*出版发行

(北京市海淀区紫竹院南路 23 号 邮政编码 100048)

北京虎彩文化传播有限公司印刷

新华书店经售

*

开本 880×1230 1/32 印张 4¼ 字数 120 千字

2020 年 10 月第 1 版第 1 次印刷 印数 1—600 册 定价 118.00 元

(本书如有印装错误,我社负责调换)

国防书店:(010)88540777	发行邮购:(010)88540776
发行传真:(010)88540755	发行业务:(010)88540717

前　言

　　超快等离激元由于具有亚波长局域、局域近场增强等独特的性质，使人们能够在飞秒时间、纳米空间尺度上操纵和控制光子，为实现全光集成，发展更小、更快和更高效的新型纳米光子学器件提供了一条有效的途径。它在光计算、光存储、光催化、纳米集成光子学、光学传感、生物标记、医学成像、太阳能电池以及表面增强拉曼光谱等领域有着重要的应用，因而受到物理学、材料科学、纳米科技等领域研究人员的极大关注。特别是近年来，随着超快激光技术的发展，使用超快激光照射纳米尺度金属结构所形成的超快等离激元不仅具有传统等离激元的亚波长空间尺度特性，同时还具有飞秒量级时间尺度特性，这使得在极小时间尺度揭示光与等离激元相互作用机制以及等离激元演化过程成为可能。而超快等离激元场动力学演化过程的直接表征与控制则是人们在此方面进一步深入研究的前提条件和必要技术支撑。

　　本书总结了目前在超快等离激元研究领域中前沿的研究成果和研究手段，基于纳米结构中超快等离激元的物理特性，着重对超快等离激元动力学演化的表征与控制进行了细致的阐述。具体安排如下。

　　第 1 章，对纳米结构产生的表面等离激元的研究进展进行了综述，介绍了等离激元在各个领域的应用概况，包括等离激元在太阳能电池、传感与生物医疗领域的应用，并对等离激元的实验表征方法以及超快等离激元动力学过程及其控制研究进展进行了介绍。

　　第 2 章，介绍了超快等离激元动力学演化的表征与控制所涉及的相关理论，包括等离激元激发的基本理论、等离激元的动力学过程、等离激元的控制以及光电子辐射过程。

　　第 3 章，对纳米结构中超快等离激元动力学过程进行了成像研究。本章系统研究了不同偏振方向飞秒激光作用蝶形纳米结构的超快等离激元动力学时间演化过程。此外，对 p 偏振态的飞秒激光作用纳米线的不同位置以及不同尺寸纳米线相对应位置的动力学时间演化过程进行了表征。

第 4 章，开展了金石门纳米结构中超快等离激元动力学过程的表征研究。本章系统研究了 p 偏振 7 fs 脉冲宽度的激光作用不同尺寸的金石门纳米结构产生超快等离激元的动力学时间演化过程，并模拟计算了宽光谱超快激光照射金石门纳米结构的等离激元场分布情况及其时间演化过程。

第 5 章，开展了纳米结构中超快等离激元的控制研究。本章系统研究了飞秒激光脉冲的偏振角度对金蝶形纳米结构产生等离激元场分布的影响，以及两束偏振方向相交的飞秒脉冲的时间延时（两束脉冲的相对位相）对金蝶形纳米结构产生等离激元场分布的影响。通过改变飞秒激光脉冲的相位在纳米空间、飞秒时间尺度上实现了对金蝶形纳米结构产生超快等离激元的控制。同时，使用 FDTD 方法计算了不同偏振角度下蝶形纳米结构等离激元的电场分布，进一步对两束相互正交的光场激发纳米结构的等离激元场分布进行了研究。

在本书编写过程中，参阅了许多相关资料，借鉴了很多专业学者的研究成果，对此，向他们表示由衷的感谢和敬意。感谢长春理工大学超快光学实验室林景全教授对本书编写的大力支持，同时，对于本书编写提供帮助的陶海岩等老师以及同学表示感谢。最后感谢家人对我工作的支持与理解。由于作者能力有限，难免有所疏漏，敬请各位读者批评指正。

作　者
2020 年 8 月

目　　录

第1章 绪 论

1.1 超快等离激元研究背景及意义

如今，材料微加工技术和集成光学元件技术的快速发展，势必推动光子器件不断小型化，而光子器件较一般电子器件又具有高带宽、高密度、速度快和能耗低等优势，必将引领人类进入全光集成的新时代。但光学器件的不断小型化已经达到光的衍射极限。获得突破衍射极限的各种高效光耦合器、光波导及光调制器，是实现纳米全光集成的基础，也是目前纳米光子学领域的一大研究热点。对未来新型器件的发展提出更高的要求：一方面要求光学器件尺寸高度小型化，便于纳米应用和高密度集成；另一方面要求能够在纳米尺度下表征以及控制光场，实现在纳米尺度内的聚焦、变换、耦合、折射、传导和复用，以及实现高准直、超衍射的新型光源和各种纳米光子学器件。

表面等离激元（Surface Plasmon）有望解决这一问题。表面等离激元是外部电磁场诱导金属表面自由电子的集体共振[1]，被束缚在金属纳米粒子附近的非传导电磁波或者产生沿金属–介质界面传输的表面波，具有亚波长局域、近场增强和新颖的色散特性等诸多优点[2-4]，在纳米光子学中发挥着重要的作用。利用表面等离激元构成的光学器件能够突破衍射极限，实现微电子与光子在同一个芯片上的集成。表面等离激元结构和器件为在纳米尺度上操纵和控制光子，实现全光集成，发展更小、更快和更高效的纳米光子学器件提供了一条有效的途径，因而受到物理学、材料科学、纳米科技等研究领域的广泛关注。重要的是，它可使人们在极小的空间尺度上感知及操纵世界，因而，在光计算、光存储、光催化、纳米集成光子学、光学传感、生物标记、医学成像、太阳能电池，以及表面增强拉曼光谱等领域有广泛的应用前景[5,6]。

1

近年来，随着超快激光技术的迅猛发展，用超快激光照射纳米尺度金属结构所形成的极小时空尺度等离激元（超快等离激元）的研究变得非常重要。飞秒时间控制纳米系统的光学激发是纳米光子学与纳米技术中一个最重要的基本问题。众所周知，光在时域上可控制在飞秒甚至阿秒的范围内，但因衍射限制，采用传统光学技术无法取得小于半波长的空间聚焦。极小时空尺度等离激元能够很好地解决这一难题，它使得人类能够通过激发局域场的方式，把超快光集中在亚波长的空间范围内（可小到几十纳米），可以实现超快光的超衍射极限汇聚。这样，为成功研制较现在器件工作速度快几个数量级的拍赫兹（Peta-Hertz）超高速通信器件以及超快纳米等离激元芯片等打下坚实的基础[7]。

未来能够使得以上器件研制成功并得以实际应用，首要的任务就是需要对超快纳米等离激元的特性有本质理解，主要包括实现对超快等离激元的动力学时间演化过程进行表征以及进一步对其进行主动控制。因此，极小时空尺度等离激元（光学近场）研究的核心目标是在纳米尺度上表征、操纵以及控制光场，其最基本的技术要求就是要能够对超快等离激元的振荡过程进行表征。此外，还要求进行深一步的研究，使其按照一定人为设定的方式进行时空排布，并完成一些基本逻辑等功能。这些技术的掌握是等离激元器件在未来能够得以广泛应用的前提。

极小时空尺度等离激元的本质是超快光与纳米结构相互作用的产物。结合干涉时间分辨技术可进一步在阿秒时间精度、纳米尺度上表征超快等离激元的振荡过程，得到其时空演化的动力学过程。在此基础上，人们认识到，对于光与物质作用的强耦合体系，可以通过改变外光场的时间、光谱以及相位的分布等性质实现对等离激元的主动控制。在以往的化学反应或原子分子等领域的相干控制研究中，基本方法是采用调节外激发场（通常是激光场）特性的方式，使反应生成物或电离、解离的产物按照人们预先设定的路径进行[8]。对于极小时空尺度等离激元，同样可以通过对超快激发光场进行调节的方式，对超快等离激元的时空强度分布进行控制，使其能够按照人为设定的方式进行排布。

极小时空尺度等离激元动力学时间演化过程的表征及其主动控制必将极大地拓展纳米光子学的应用领域，给纳米光子学发展带来前所未有的机遇。当前国际上该项工作仍处于初级阶段，如果能够尽早地开展超快纳米尺度等离激元的动力学特性研究以及对其实现主动控制，有望在相关领域取得突破性成果，这将为我国能尽快在高速度亚波长光学器件的基础上及应用研究等方面占据国际领先地位打下坚实的基础。

1.2　纳米尺度等离激元研究及应用概况

表面等离激元的研究最早可以追溯到 19 世纪末 Sommerfeld[9]和 Zenneck[10]对无线电波在金属表面传输的研究。1902 年，Wood[11]将可见光入射到金属光栅后观察到了反常衍射现象。1941 年，Fano[12]将这种现象与微波理论相结合。直到 1956 年"Plasmons"一词才由 Pines[13]提出，用来描述电子透过金属薄膜后损失的能量。同年，Fano[14]提出了"Polariton"用来描述电磁波与束缚电子集体共振的相互耦合。Ritchie[15]在 1957 年认为金属中的自由电子被外场激发以后，会在金属表面发生振荡。1959 年，Powell 等[16]证实了该现象的存在。至此，关于表面等离激元现象的描述才得到统一。

人们对于等离激元共振现象的应用早在公元 4 世纪就已经开始，最显著的代表则是图 1-1（a）所示的古罗马时期的莱克格斯杯（Lycurgus Cup），杯身有 50 nm 左右的金属纳米粒子附着。当白光从杯外照射杯身时，由于受金属纳米颗粒产生的表面等离激元共振的影响，杯身对于短波长的绿光有很好的吸收特性，故而杯子呈绿色。如果将白光源放置于杯子内部时，短波长的绿光被吸收，长波长的红光可以透射出来，此时杯子呈红色。图 1-1（b）是始建于 1096 年的英国诺里奇大教堂（Norwich Cathedral）的一面玻璃壁画。由于其表面同样附着了金属纳米粒子而产生了等离激元共振，使得白光中波长较长的红光可以透过，所以玻璃壁画呈现出鲜红色的图案。

如今，人们对于等离激元有了更深层次的认识，人们发现金属纳米颗粒以及金属表面纳米结构的等离激元具有高局域化特性（其程度远远小于光衍射极限）、局域光场增强以及对外部环境变化高敏感等特性，使其广泛应用于光逻辑运算、光学传感器、生物医学、太阳能电池、表面等离激元激光，以及表面增强拉曼散射等诸多领域[17-22]。

(a)   (b)

图 1-1　古代利用等离激元原理的装饰物

（a）公元 4 世纪的古罗马杯；（b）诺里奇大教堂中的一面玻璃壁画。

等离激元的超衍射极限的传输特性具有重要的应用。等离激元在传播过程中被束缚在金属与介质界面，使得在亚波长尺寸的金属结构中对光场实现局域化，为将来新型纳米光子器件的研制打下坚实的基础。图 1-2（a）所示为 Krenn 等[23]制造的一种可以突破衍射极限的光波导，其厚度为 50 nm、宽度为 200 nm、长度为 20 μm 的金纳米线。此结构器件可以很好地将光束缚在波导表面使其沿着波导进行传输，通过图 1-2（b）所示的近场光学图像可知传播距离为 2.5 μm。在此基础上，人们进一步制造出了极小纳米光学器件应用于光子计算机，可以大大提升运算速度，其结构如图 1-3 所示[24]。此芯片采用两种不同的结构模式：一是由金属–介质构成的复合模式；二是由介质–金属–介质构成的复合模式。其中，在第一种模式中，由于等离激元传输损耗非常小，其传输距离可达几个微米。但是，此模式唯一的不足是被激发的等离激元波尺寸较大，很难与极小尺寸的逻辑处理器件相互耦合。而介质–金属–介质中的等离激元波虽然尺寸非常小，但因其传输损耗比较高，信号只能传输几十纳米。当数据进行传输时，采用金属–介质模式增加光信号的传输距离，当光信号与逻辑处理器件发生耦合时，采用介质–金属–介质模式缩小光信号的尺寸，使其能够进入逻辑处理器。可见，正是由于等离激元具备了超衍射极限的局域化特性，使得其可以用于将来的光计算以及光储存等领域。

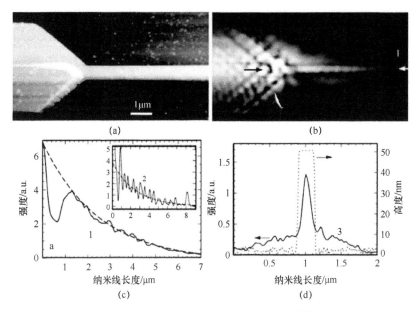

（a）

（b）

（c）

（d）

图 1-2　金属纳米波导中等离激元传输[23]

（a）金属纳米波导形貌图；（b）激发波长为 800 nm 的近场光学图像；（c）近场光学图像
中传输方向截面数据；（d）近场光学图像中的 SPP 线横截面数据。

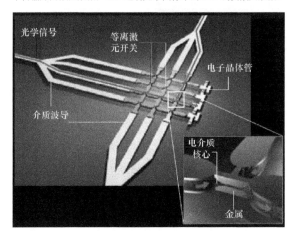

图 1-3　应用等离激元制造的一种超快芯片[24]

　　利用等离激元共振具有很强的近场增强特性制造纳米尺度的相干
光源。2003 年，Stockman[25]对表面等离激元放大的受激光辐射（Surface

Plasmon Amplification by Stimulated Emission of Radiation，SPASER）的原理进行理论分析并肯定 SPASER 现象的存在。他认为，如果外场光源激发由发光增益介质和金属纳米粒子组成的复合结构，其增益介质分子就会从基态跃迁到激发态，在此过程中，激发态的能量就通过以非辐射的方式转移到金属纳米粒子中以产生表面等离激元，而表面等离激元共振进一步又可以诱导能量转移。金属纳米粒子自身就是一个共振腔，导致相同模式的等离激元的聚集，再以光子的形式发射出来，进而产生激光[26]。张翔研究组[27]在银纳米薄膜波导上的硫化镉纳米线上观察到 SPASER 现象，其产生的 SPASER 结构如图 1-4（a）所示。此外，SPASER 还有体积小的优点，尺寸可以接近病毒分子的大小，约为 20 nm，因而可以作为纳米相干光源在超快数据通信以及在单分子水平上进行生物医学诊断，图 1-4（b）给出了 SPASER 作为纳米光源杀死病毒的示意图[28]。

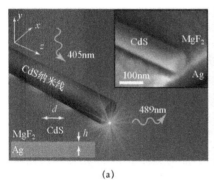 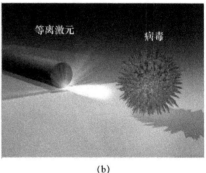

（a）   （b）

图 1-4　基于半导体纳米线[27]和银薄膜波导 SPASER 及其应用[28]

（a）SPASER 示意图；（b）SPASER 作为纳米光源杀死病毒示意图。

利用等离激元的近场增强带来的热效应可用于治疗肿瘤等疾病。外部激光辐照金属纳米粒子可以产生等离激元共振，等离激元共振使纳米粒子的近场得到大幅度增强，进而提高纳米粒子的温度达到杀死癌细胞的目的。如图 1-5 所示，在颗粒直径为 100 nm 硅粒子镀一层 10 nm 厚的金膜，通过调节硅粒子的尺寸以及金膜的厚度，使纳米粒子的共振波长与外界红外激光波长相匹配。再在粒子的金属表面附着可以探测肿瘤细胞的蛋白，将纳米粒子注入活体组织可以准确到达肿瘤细胞周围。然后使用可以穿透皮肤的红外激光辐照患病部位，使活体组织内部的纳米粒子产生等离激元共振来升高纳米粒子的温度，达到杀死癌细胞目的的同时对健康细胞不造成任何伤害[24]。Hu Min 等[28]利用这一思想，制备了金纳米笼形粒子（Nanocage），将这些纳米粒子注入乳腺癌活体组织中，然后用红外光照射该活体，由于纳米粒子的等离激元共振能产生足够的热量杀死肿瘤细胞。实验中，他们利用荧光分子发光的颜色判断肿瘤细胞是否被杀死。当红外激光的强度超过某一特定值时，在光照射范围内的肿瘤细胞明显被杀死。而当红外激光的强度小于这一特定值时，肿瘤细胞则存在没有明显被杀死的迹象。当红外激光的强度超过该特定值时，辐照没有注入纳米粒子的肿瘤细胞，发现肿瘤细胞依然存在。

图 1-5　利用纳米粒子杀死癌细胞的原理图[24]

　　表面等离激元的局域场增强另一个重要应用是在表面增强拉曼散射光谱（Surface Enhanced Raman Scattering，SERS）方面。SERE 的增强主要包括两部分，即入射光的增强以及拉曼散射光的增强。SERS 增强因子与电场增强的 4 次方成正比。假设电场振幅增强因子为 1000，则 SERS 的信号强度可以达到 $G=10^{12}$。这种单纯的增强效应加上第二种放大机理——化学增强机理（分子直接附着在金属的表面，这样分子与金属之间还存在着电荷转移导致分子有效极化率的增加，从而导致拉曼散射增强），使得整体的 SERS 增强因子可以达到 $G=10^{14}\sim10^{15}$，从而实现单分子的检测。Nie 等[29]在 1997 年就认为，如果单粒子上存在许多半径很小的位点，如很小的凸起或者凹陷以及粒子与粒子之间的间隙，这些结构使局域近场增强，在一定的激发条件下可以观察到单分子 SERS 信号。2009 年，Younan Xia 等[30]对银纳米颗粒的合成机理进行了深入研究，实验中发现了一种新奇的生长机理。当银单晶立方纳米粒子因氧化还原反应过度生长时，粒子共顶角的 3 个相邻晶面生长速度会出现各向异性，从而形成新的截角八面体的单晶纳米粒子。因为该粒子的几何形状为非中心对称，呈现较特殊的光学性质，进而用来作 SERS 信号检测。2010 年，Zhiyuan Li 小组[31]提出一种复合增益金属纳米粒子来大幅度提高局域电场增强因子以及 SERS 增强因子。使得纳米粒子实现单分子检测目标。SERS 因具有单分子检测灵敏等特点，故已被广泛应用于细胞、分子及化学成分的检测，如汽车尾气的净化、糖尿病的检测、食品安全、药物以及环境污染的检测[32-37]。

表面等离激元效应还可用于太阳能电池领域。在大多数沉积的薄膜材料中，由于半导体的光子吸收深度远大于电子扩散长度，薄膜太阳能电池不能有效俘获太阳能，因而转换效率还很低。表面等离激元可以很好地将光束缚在金属表面，这就增大了单位面积上照射的光与周围物质接触的概率。正是基于这一性质，人们意识到表面等离激元可以有效提高薄膜太阳能电池的光吸收效率。利用等离激元来增强太阳能电池的光电转换效率机理主要有以下两种[38]：一是金属纳米粒子作为极小尺寸的天线，利用局域表面等离激元共振将太阳光耦合到半导体薄膜增加光吸收效率，如图 1-6（a）所示；二是太阳光作用于金属纳米结构产生沿背面金属和半导体薄膜截面传播的表面等离极化激元。它能够有效地捕捉和传导光，使光在远远大于光吸收长度的横截面上被吸收来达到提升光电转换效率，如图 1-6（b）所示。

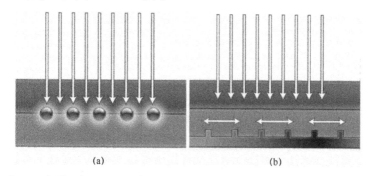

(a)   (b)

图 1-6　金属纳米粒子局域等离激元增强太阳能电池转化效率原理示意图[38]

（a）局域表面等离激元共振激发；（b）表面等离极化激元激发。

等离激元效应在传感方面也发挥着重要的作用。由于表面等离激元对外部环境变化有着高敏感特性，局域表面等离激元共振的共振波长对环境介质的变化非常敏感，与介质的折射率近似呈线性关系，即增加介质的折射率将导致等离激元的共振波长红移；反之则蓝移。基于此，可以实现局域表面等离激元的生物和化学传感器，具体原理如图 1-7 所示[39]。金属纳米颗粒自身有其共振波长，当一些生物大分子附着到金属纳米颗粒表面时，相当于金属纳米颗粒周围的介质折射率变大，导致其新纳米颗粒的共振波长红移，而红移的距离就可以表征生物大分子的基本特性[40]。此外，还可以用来监控化学催化反应的进行，Larsson 等[41]在金纳米粒子中沉积铂纳米粒子作为催化剂，通过观察金纳米粒子的局域等离激元共振的共振峰的移动，来实时监控 CO 和 H_2 的氧化反应以及 NO_x 的还原反应[41]。

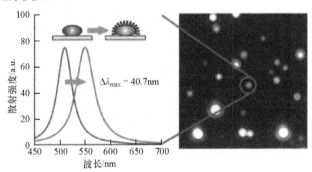

图 1-7　局域表面等离激元传感示意图[5]

1.3　超快纳米尺度等离激元研究概况

随着超快激光技术迅猛发展，利用超快激光辐照金属纳米结构所形成的极小时空尺度等离激元的研究变得非常重要，就是如今比较热门的"超快表面等离激元学"。超快表面等离激元的两个最显著特征为：一是极小时间尺度(一般可以达到亚飞秒的时间尺度)；二为极小空间尺度(通常为亚波长的空间尺度)。超快飞秒（10^{-15} s）激光甚至阿秒（10^{-18} s）激光脉冲的使用，使得人们能够在极小时间尺度上表征物质，而表面等离激元具有的超衍射极限汇聚能力，又使得人们具有在极小空间尺度上研究物质的能力。这两者的结合所产生的"超快表面等离激元学"，为将来超快表面等离激元光开关器件、超快表面等离激元光逻辑运算以及超快光子计算机的诞生等方面提供了强有力的支撑与保证。

传输型的表面等离激元的传导特性主要依赖于金属纳米结构以及周围介质的性质[42, 43]，通过不同的纳米结构或者更换不同的介质，可以实现对表面等离激元传导的调控，即控制其传输与否，来实现基于表面等离激元的光开关[44-46]。这类光开关器件在光信息处理、通信以及数据存储等方面的应用是非常有前景的。2009 年，K. F. MacDonald 等[47]设计了一种具有激发和探测超快响应信号功能的超快光调制纳米结构器件，其结构如图 1-8 所示。一束 200 fs 激光脉冲信号作用处于硅−铝界面的第一个光栅使之产生超快表面等离激元，而等离激元可以在硅−铝界面进行传输，当传输到第二个光栅通过去耦合（Decoupled）到探测器被探测。当这个超快表面等离激元在两光栅之间传输时，可以被光泵浦信号调控，响应时间可以达到 200 fs。该器件可以同时实现在太赫兹带宽范围内对超快表面等离激元的产生、传输、调控及去耦合探测。由此可见，如果将超快激光与设计好的金属纳米结构相耦合，可以实现对超快信号的调控，为将来超快光信号调制器件的产生打下坚实的基础。

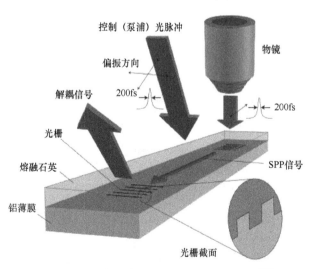

图 1-8　超快表面等离激元的超快调控示意图[47]

贵金属纳米结构支持的等离激元模式可以把光局域在亚波长的尺寸上[1,48,49]，对于实现信息的超快传输是非常有前途的。在光信息通信领域中，超短脉冲的传输代表了携带信息的字节，需要对此过程进行详细的表征。2011 年，Christian Rewitz 等[50]利用远场光谱干涉方法对银纳米线上的超快等离激元脉冲的传输进行了表征，实验装置如图 1-9 所示。一束 X 偏振中心波长为 800 nm 的飞秒激光脉冲作用银纳米线的一端产生超快等离激元，等离激元以群速度 v_g 沿着纳米线传输。当等离激元传输到纳米线的另一端时，该传输脉冲进一步辐射到自由空间。使用 CCD 收集另一束参考脉冲与该辐射脉冲的线性叠加信号来表征辐射场的振幅及相位。实验结果发现，纳米线的直径小于 100 nm 时，等离激元沿纳米线传输的色散较小且群速度会急剧减少。此外，还发现等离激元群速度与纳米线周围环境有着紧密的联系。使用此方法可以表征完整等离激元系统（包括等离激元的激发、传输及辐射）的光谱传输特征。该结果有望在超快等离激元信号的处理以及主动控制等领域得到应用[51-53]。

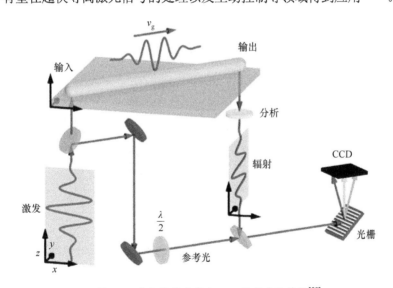

图 1-9　表征银纳米线中 SPP 信号实验装置[50]

周期性等离激元纳米结构由于局域光场的增强拥有独特的物理性质。在高次谐波的产生[54]、生物传感以及探测[55-56]、纳米天线耦合光学辐射到分子和半导体[57-59]等众多的领域都有其影子。而在这些纳米等离激元系统中，最重要的挑战之一就是在飞秒时间尺度上对超快光学过程的控制进行表征[60]。2010 年，Harald Giessen 研究组把全光学控制概念应用到等离激元系统中，对超快光学过程的控制实现了表征，基本原理如图 1-10 所示[61]。样品为金属光栅光子晶体，首先，第一束飞秒激光脉冲（Start Pulse）激发样品产生等离激元。然后，第二束控制脉冲（Control Pulse）经过时间 τ_c 后与等离激元发生相互作用，实现对超快等离激元过程控制。最后，第三束探测脉冲（Probe Pulse）对该超快过程进行探测，得到等离激元演化过程。实验结果表明，控制脉冲与等离激元的相长干涉或者相消干涉可以控制等离激元被再激发或者抑制。等离激元再激发与抑制之间的高对比度为将来超快等离激元开关和内存奠定了坚实的基础。

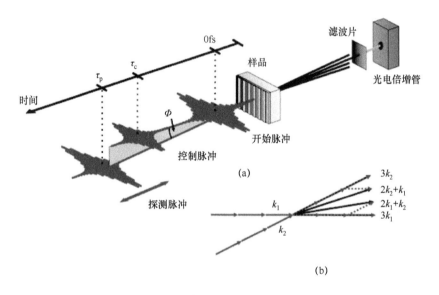

图 1-10　利用全光学控制概念对超快等离激元的控制与表征示意图[61]

（a）超快过程控制装置示意图，开始脉冲激发产生等离激元，在 τ_c 时间后控制脉冲与其干涉。脉冲垂直激发样品，电场方向垂直于样品光栅网络；（b）两束相交脉冲产生 3 次谐波矢量图。

飞秒激光脉冲作用金属纳米结构产生的超快表面等离激元，可以使纳米结构附近的局域电场强度提高 3～5 个数量级以上。利用这种强场效应，在不借助飞秒激光放大器的情况下，可以使许多强场物理过程的研究成为可能。超快飞秒激光脉冲由于其单个脉冲的持续时间极短，使得激光脉冲的峰值功率极高。因此，飞秒激光通常被人们用来作为产生高次谐波的光源[62-64]。一般来说，产生高次谐波所需要的峰值功率密度为 $10^{13} \sim 10^{14}$ W/cm^2，超快飞秒激光振荡器输出功率密度一般为 $10^{11} \sim 10^{12}$ W/cm^2，因此直接使用飞秒激光振荡器达不到产生高次谐波的目的。通常使用的方法是将超快飞秒激光脉冲进行二次或者多次放大以达到高次谐波产生所需的功率[65,66]。但是，经过二次或者多次放大所需要的放大器因其造价昂贵并且体积巨大，增加了产生高次谐波的成本与复杂程度。2008 年，Kim 等[54]基于等离激元局域近场增强这一特性，使用功率密度为 10^{11}W/cm^2 的超快飞秒光脉冲激发由金属蝶形纳米结构组成的阵列。其中蝶形纳米结构中两纳米三角的间隙可产生电场增强的放大因子为 $10^3 \sim 10^4$，达到了产生高次谐波的所需阈值，进而在不使用激光放大器的情况下产生高次谐波，其实验原理如图 1-11（a）所示。2011 年，该组人员使用 10 fs 的飞秒激光脉冲激发纳米银尖锥波导，同样在不使用激光放大器的情况下，实现了高次谐波的产生，实验装置如图 1-11（b）所示[67]。

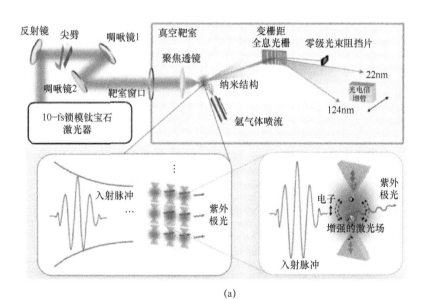

(a)

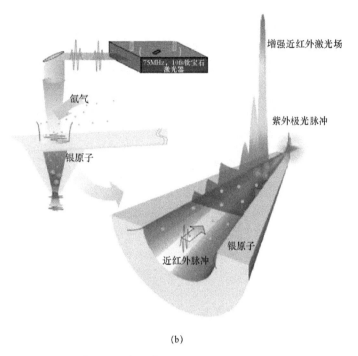

增强近红外激光场

75MHz，10fs钛宝石
激光器

氙气

银原子

紫外极光脉冲

银原子

近红外脉冲

(b)

图 1-11　基于超快表面等离激元产生高次谐波示意图

（a）利用飞秒激光脉冲辐照金属蝶形纳米结构产生高次谐波[54]；（b）使用飞秒激光
脉冲辐照银尖锥纳米波导产生高次谐波[67]。

　　此外，借助超快等离激元的强场效应，在使用简单的飞秒振荡器的情况下，可以使超快电子源以及电子加速等强场领域的研究也变得简单。飞秒激光作用金属纳米粒子，产生的等离激元可以使电子经强场加速从金属表面逸出。这样，光电子可以达到很高的能量。2013 年，Hohenester等利用飞行时间电子能谱仪对中心波长为 805 nm 的线偏振飞秒激光脉冲辐照不同形状的金属纳米粒子产生的电子能谱进行了分析对比[68]。如图 1-12（a）所示，飞秒激光从样品的下方照射纳米结构，等离激元局域近场使电子从样品的上方逸出被能谱仪捕捉，结果如图 1-12（b）所示。从实验结果可以得到，高能电子的能量可以达到 19 eV，远远超过激发激光的单光子能量 1.54 eV。此外，该组研究人员还得到高能电子的截止能量与激发脉冲的强度近似呈线性关系，且在等离激元共振条件下，有最大的电子产额以及最高的电子能量。

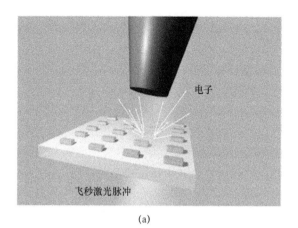

(a)

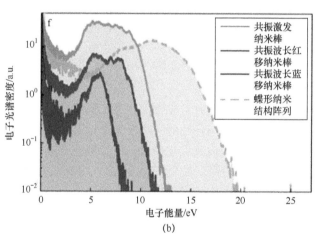

(b)

图 1-12　基于纳米阵列的超快电子源[68]

（a）等离激元纳米结构电子源示意图；（b）激光峰值功率为 25.1 GW/cm^2 下不同尺寸粒子的电子能谱。

1.4　等离激元的实验表征方法

等离激元局域近场是一个局域在极小空间尺度、具有超快时间特性的光学近场，有着许多重要的潜在应用。在等离激元光子器件能够得以应用之前，需要对等离激元特性即局域近场进行深入研究。这就需要能够对光学近场表征的实验方法。

近年来，扫描光电离显微镜（Scanning Photo Inization Microscopy，SPIM）、扫描近场光学显微镜（Scanning Near-field Optical Microscopy，SNOM）、非线性荧光显微镜（Nonlinear Fluorescent Microscopy，NFM）以及光辐射电子显微镜（Photo Emission Electron Microscopy，PEEM）等逐渐发展成为能够对纳米尺度局域近场成像的有力工具。2005 年，Imura 等[69]使用 SNOM 对单个金纳米棒的光学近场进行了成像研究。从 SNOM 图像可以清晰地观察到纳米棒的表面等离激元近场分布。2008 年，Ueno 等[70]使用 NFM 对中心波长为 800 nm 的飞秒激光照射金纳米粒子产生的局域近场进行了成像研究。实验结果发现，当两纳米粒子的间隙小于 14 nm 时其近场强度迅速增加。2011 年，Schweikhard 等[71]利用 SPIM 对 800 nm 激光激发金纳米棒产生的光学近场进行了成像研究。从近场结果可以得到，当金纳米棒以 2 nm 厚 Pt 膜为基底时，纳米棒中的电子吸收 4 个光子发生电离；而纳米棒以 ITO 为基底时，其电离过程需要吸收 3 个光子。

在上面列举的前 3 种显微镜中，SNOM 与 SPIM 的成像过程是基于使用探针对样品光栅式扫描并且光学探针透光孔径大小对分辨率起着关键性作用。这样由于探针与样品的距离要求非常近（通常保持在纳米量级），控制在近场尺度范围内其相互作用会不可避免地对光学近场产生干扰，甚至有可能对样品结构以及探针造成破坏。NFM 成像中需要对所研究的样品进行特殊处理，在纳米结构的表面镀一层染料材料或者感光性材料，而这层材料同样对等离激元局域近场特性造成影响，使得测量结果不能准确反映出局域近场的真实情况。

而 PEEM 是利用超快激光照射金属纳米结构产生的局域近场本身辐射出的光电子来对局域场进行成像，首先它可避免 SPIM 与 SNOM 工作时使用探针对光学近场产生的干扰，是一种非扫描的全场成像工作方式；其次不需要对纳米结构镀感光材料，可以实现光学近场的原位成像。如图 1-13 所示，PEEM 系统主要由三部分组成，即激发光源、成像电镜系统和成像采集装置。PEEM 系统可以同时使用多个激发源来激发样品产生光电子。外界激发源发出的光经透镜聚焦，与样品表面法线成 25°来辐照样品中心，样品吸收光子通过光电子辐射过程产生光电子。光电子经过复杂的电透镜系统投影到成像采集装置进而被成像。

PEEM 图像的取得，其基本原理类似于光学显微镜，具有实时成像的特点。与光学显微镜的区别在于，PEEM 使用电子作为成像的载体，分辨率不再受可见波长所限制。这也是 PEEM 的最大优点，可以实现高空间分辨率的成像，横向分辨率可以达到 20 nm。

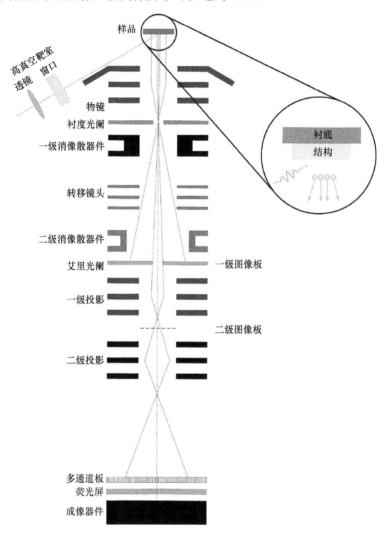

图 1-13　PEEM 电镜系统的原理

　　限制 PEEM 空间分辨率的像差主要有球差、色差及衍射像差。缩小物镜背焦点面的衬度光阑（Contrast Aperture）减小发射电子的接受角，可以减小球差和色差，但是光阑如果选择比较小，反而使电子衍射像差变大，从而影响图像的分辨率。本书中，实验所选用的光阑尺寸为 150 μm。此外，PEEM 还装备了微小像区域选择器（Iris Aperture），位于物镜的第一实像平面内。它可以实现分析区域尺寸的连续调节，最小分析区域直径达 1μm。微小像区域选择器主要用来提高图像的分辨率以及增强图像的对比度，在高分辨率模式下，还可以用来减少背景的影响。

PEEM 电镜系统主要由两组静电透镜构成，即物镜（Objective Lens）和双像镜组（Projective Lens）。物镜是一个四极管，包含四部分，即样品（Sample）、抽取电子电极（Extractor）、聚焦电子电极（Focus）及漂移管（Column），主要起到加速电子的作用。一阶像散校正器（First Stigmator）是一个八极管，位于物镜的背聚焦面，用来校正非球像差，使得 PEEM 成像率达到最大。偏振透镜（Transfer Lens）以及二阶像散校正器（Second Stigmator）主要用来提高角分辨下的非球像差。双像镜组（Projective Lens）的使用进一步提高了成像的分辨率。

成像采集装置是由多通道板（Multi Channel Plate）和荧光屏组成。微通道板可以进一步对电子进行放大增强，在荧光屏上由电信号转变为光信号，形成二维图像，最后被 CCD 收集记录。

而以 PEEM 与超快激光结合的干涉时间分辨 PEEM 技术（Interferometric Time resolved-PhotoEmission Electron Microscopy，ITR-PEEM）[72]，又可以对表面等离激元的动力学时间演化过程进行表征。干涉时间分辨技术主要是在光路中引入马赫-曾德尔干涉仪把单束脉冲分成两束相同的脉冲，通过改变两束脉冲的相对延时来实现。使用这样的两束脉冲作为激发源时，PEEM 图像中电子辐射产额随时间的变化关系又包含了外加激光场对局域近场的响应信息，即等离激元的动力学过程。经过不断发展，以超快激光为基础的 PEEM 已经成为一种能够实现对局域近场高时空分辨、高灵敏度以及无干扰实时原位成像的有力工具。

1.5　超快等离激元动力学过程及其控制研究进展

近年来，研究人员使用光辐射电子显微技术对超快等离激元进行了深入研究。在动力学过程的研究方面，迄今为止，研究人员取得了一系列代表性的成果。2005 年，Kubo 等[72]使用 PEEM 结合干涉时间分辨双光子光电子辐射技术在亚飞秒时间精度、亚波长的空间分辨上对光栅上银纳米粒子的超快等离激元的动力学过程进行了研究。如图 1-14 所示，实验结果表明，当两束脉冲的延时小于激光脉宽时，外激发场驱动等离激元以激光频率振荡；当两束脉冲不再叠加时，等离激元以自身的本征频率振荡。从时间演化曲线可以进一步知道，如果等离激元振荡频率高于激光频率，则时间演化较快；反之，则等离激元时间演化较慢。由此可见，使用该方法可以很好地对等离激元振荡过程进行表征。

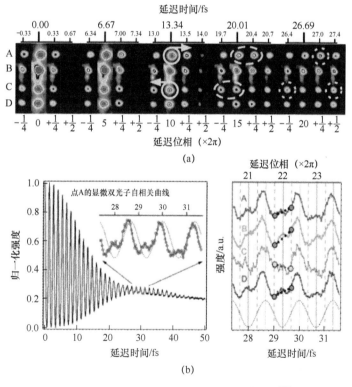

图 1-14　银纳米光栅激发热点的动力学演化[72]

（a）热点的近场动力学演化图像；（b）A 点的电子辐射强度随时间变化的演化曲线
以及 4 个点在特定时间段内的动力学演化曲线。

2007 年，Bauer 等[73]使用 PEEM 结合 TR-2PPE 技术在极小时空尺度上对银纳米粒子的超快等离激元动力学过程进行了探测。由于等离激元的相位传播导致纳米粒子近场发生局域变化，在 PEEM 图像中观察到了超快等离激元的时空调控。如图 1-15 所示，当两束脉冲的时间延时从 2.70 fs 增加为 3.22 fs 时，最大光电子辐射强度从纳米粒子的左下区域调控到右上区域。干涉时间分辨 PEEM 技术可以清晰地分辨纳米粒子超快等离激元动力学的微小横向变化。

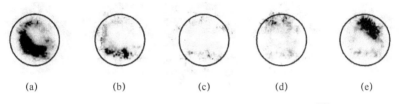

图 1-15　银纳米粒子的干涉时间分辨 PEEM 图像[73]

(a) 2.70fs；(b) 2.83fs；(c) 2.96fs；(d) 3.09fs；(e) 3.22fs。

2013 年，Sun Quan 等[74]利用 ITR-PEEM 技术对金纳米棒以及金纳米方块上的超快等离激元动力学过程进行了成像表征。实验结果表明，在前 3 个光学周期内，金纳米结构的等离激元振荡频率与外激光场频率保持一致；随着两束脉冲延时的增加，等离激元以自身的本征频率振荡。对纳米方块而言，如果纳米方块结构尺寸变大，其等离激元共振波长发生红移现象，在时间演化曲线中表现为等离激元振荡频率变慢。

2015 年 9 月，Anders Mikkelsen 研究组利用 5.5 fs 的超快超短飞秒激光脉冲结合 ITR-PEEM 技术对不同尺寸的纳米米粒形结构中超快等离激元的动力学过程进行了研究[75]。实验结果表明，当纳米结构的尺寸为 380 nm 时，激光斜入射激发该结构引起的相位延迟效应，可以导致纳米结构两端的等离激元时间演化曲线产生 200 fs 细微的相位差。当纳米结构尺寸为 490 nm 时，同样在其两端的等离激元时间演化曲线中观察到了相位差。产生该现象的原因是由于多模式等离激元相互叠加产生拍频现象引起的并非相位延迟效应。

2015 年 10 月，Anders Mikkelsen 研究组再次使用 5.5 fs 的超快超短飞秒激光脉冲结合 ITR-PEEM 技术对不同尺寸的蝶形纳米天线结构中超快等离激元的动力学过程进行了研究[76]。实验结果表明，不同尺寸下的蝶形纳米结构间隙的等离激元振荡频率不同，并且结构尺寸越大其振荡频率越低。

在超快等离激元控制方面，研究人员也获得了较好的进展。2007 年，Aeschlimann 等人利用自适应控制法对二维平面银星形纳米结构中等离激元局域近场的分布进行了主动控制，并且使用 PEEM 对该场进行了实时成像[77]。该组人员对飞秒激光进行脉冲整形，通过改变入射激光的相位实现了对纳米结构的最强热点分布位置的控制，其结果如图 1-16 所示。从图中可以明显看出，最强的光电子辐射信号从纳米结构的 A 区域调控到 B 区域。

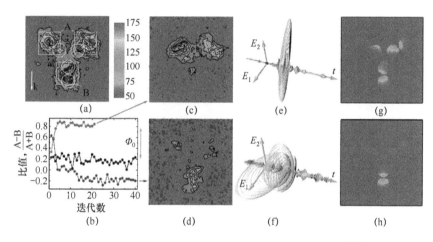

图 1-16　二维平面银星形纳米结构的等离激元场的控制[77]

2010 年，Aeschlimann 等利用 PEEM 作为探测手段，对飞秒激光脉冲进行整形并结合泵浦-探测技术对银太阳形纳米结构的等离激元局域近场进行了时空控制研究[78]。如图 1-17 所示，实验结果发现，当已整形的线偏振泵浦光与未整形的圆偏振探测光的延时从 13 fs 改变为 213 fs 时，银纳米结构的热点位置发生了明显改变，从纳米结构中 A 区域（虚线框标记）移动到了 B 区域（实线框标记）。当泵浦光与探测光的延时从 −507 fs 变化为 493 fs 时，热点的位置同样发生了显著的变化，从纳米结构中 C 区域（虚线框标记）移动到了 B 区域。以上两种情况均实现了纳米结构产生的等离激元场的主动控制。

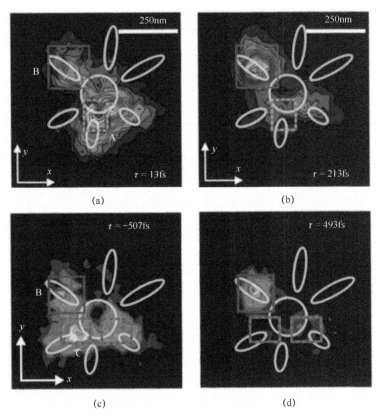

图 1-17　银太阳形纳米结构的等离激元场的控制[78]

2011 年，P.Melchior 等[79]使用两束相互正交的飞秒激光脉冲并结合 PEEM 对金属蝶形纳米结构产生的等离激元进行了主动控制的研究。实验结果表明，当两束正交脉冲的相对延时从−0.67 fs 变成 0.67 fs 时，热点从左纳米三角的下底角变化到上底角，实现了等离激元的主动控制。

2012 年，Aeschlimann 等[80]利用最优开环控制法并结合 PEEM 对金蝶形纳米结构的等离激元局域近场分布进行了控制。该组人员把一束脉冲分成两束，其中一束脉冲的偏振态为 s 偏振，另一束脉冲对其整形，然后改变整形脉冲的相位实现了对蝶形纳米结构中等离激元近场分布的控制。实验结果表明，当整形脉冲的相位变化 π 时，最强的热点位置主要在蝶形右三角的上、下两底角位置发生变化。

2015 年 9 月，Erik Mårsell 等[81]利用 PEEM 研究了不同偏振角度的飞秒激光对纳米立方体局域近场分布的影响。实验结果发现，不同偏振角度激发纳米立方体产生的等离激元场的位置不相同。

1.6 小结

本章介绍了研究超快表面等离激元的背景和意义；综述了超快等离激元研究的现状，以及等离激元的实验表征方法；对本书所涉及的超快等离激元动力学演化的表征与控制研究进展进行了重点介绍。

第2章　表面等离激元的相关理论

2.1　表面等离激元

表面等离激元是电磁波与金属纳米结构中自由电子的共振行为。引入金属中自由电子的共振模型（Drude-Lorentz-Sommerfeld Model）描述金属纳米结构产生表面等离激元的物理机制。当电磁波作用金属纳米结构时，金属纳米结构中的自由电子运动则可以表示为

$$m\frac{d^2x}{dt^2} + m\gamma\frac{dx}{dt} = -eE_0\exp(-i\omega t) \tag{2-1}$$

$$x(\omega,t) = x_0(\omega)\exp(-i\omega t) \tag{2-2}$$

式中：x 为电子所在的位置（m）；m 为电子的质量（kg）；γ 为阻尼常数；e 为电子的电荷量（C）；E_0 为电磁场的振幅（V/m）；ω 为外加电磁场的圆频率（rad/s）。把式（2-2）代入式（2-1），可以得到电子振荡的振幅为

$$x_0(\omega) = \frac{eE_0}{m(\omega^2 + i\gamma\omega)} \tag{2-3}$$

电子在外加电磁场作用的诱导偶极矩 $\boldsymbol{P} = N\cdot(-ex_0)$，将式（2-3）代入偶极矩方程中，可以得到以下的关系，即

$$\boldsymbol{P} = \frac{-Ne^2E_0}{m(\omega^2 + i\gamma\omega)} \tag{2-4}$$

式中：N 为单位体积中的电子数目。此外，诱导电偶极矩与复介电常数又有以下的关系，即

$$\boldsymbol{P} = \varepsilon_0(\varepsilon(\omega)-1)E_0 \tag{2-5}$$

式（2-4）与式（2-5）相等，进一步可以推导出金属相对介电常数的大

小，即

$$\varepsilon(\omega) = \varepsilon_r + i\varepsilon_i = 1 - \frac{\omega_p^2}{\omega^2 + i\gamma\omega} \tag{2-6}$$

式中：$\omega_p = \sqrt{Ne^2/\varepsilon_0 m}$ 为自由电子的等离子体频率（rad/s）；ε_0 为真空相对介电常数（$C^2/(NM^2)$）。复介电常数中的实部 ε_r 和虚部 ε_i 分别为

$$\varepsilon_r = 1 - \frac{\omega_p^2 \tau^2}{1 + \omega^2 \tau^2} \tag{2-7}$$

$$\varepsilon_i = \frac{\omega_p^2 \tau}{\omega(1 + \omega^2 \tau^2)} \tag{2-8}$$

式中：$\gamma = 1/\tau$。

首先考虑较大的频率，当 $\omega\tau \gg 1$ 时，阻尼常数 γ 可以忽略不计，这时介电常数则可变形为

$$\varepsilon(\omega) = 1 - \frac{\omega_p^2}{\omega^2} \tag{2-9}$$

从式（2-9）可知，当 $\omega < \omega_p$ 时，介电常数为负值，折射率 $n^2 = \frac{\varepsilon_r}{2} + \frac{1}{2}\sqrt{\varepsilon_r^2 + \varepsilon_i^2}$ 为复数，金属纳米结构与外加电磁场存在较强的相互作用；当 $\omega > \omega_p$ 时，介电常数为正值，折射率为实数，金属纳米结构只是相当于一种常规的材料。

接下来，考虑非常小的频率，当 $\omega\tau \ll 1$，有 $\varepsilon_i \gg \varepsilon_r$，折射率就可以变形为

$$n = \sqrt{\frac{\varepsilon_i}{2}} = \sqrt{\frac{\tau\omega_p^2}{2\omega}} \tag{2-10}$$

这时，金属纳米结构表现为吸收，其吸收系数为

$$\alpha = \left(\frac{2\omega_p^2 \tau\omega}{c^2}\right)^{1/2} \tag{2-11}$$

2.1.1　局域表面等离激元共振

如图 2-1 所示，假设有一个各向同性半径为 a 的金属球形颗粒位于

$E = E_0 r \cos\theta$ 的均匀电场中[82]，粒子以及粒子周围介质的介电常数分别为 ε 和 ε_m，粒子内部和外部的电场强度分别为 E_{in} 和 E_{out}，对应的电势分别为 $\Phi_{in}(r,\theta)$ 和 $\Phi_{out}(r,\theta)$。

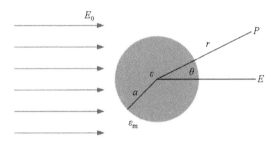

图 2-1 外加电场作用金属纳米粒子示意图

在均匀静电场条件下，电势的拉普拉斯方程 $\nabla^2\Phi = 0$，电场 $\boldsymbol{E} = -\nabla\Phi$。由于求解的问题具有方位对称性，因此上式的一般解的形式为

$$\Phi(r,\theta) = \sum_{l=0}^{\infty}\left[A_l r^l + B_l r^{-(l+1)}\right]P_l(\cos\theta) \tag{2-12}$$

式中：$P_l(\cos\theta)$ 为 l 阶勒让德多项式（Legendre Polynomials）；θ 为 P 点位置矢量 $\boldsymbol{r}$ 与 z 轴的夹角。此时粒子内部电势 Φ_{in} 以及外部电势 Φ_{out} 可以写成

$$\Phi_{in}(r,\theta) = \sum_{l=0}^{\infty} A_l r^l P_l(\cos\theta) \tag{2-13}$$

$$\Phi_{out}(r,\theta) = \sum_{l=0}^{\infty}\left[B_l r^l + C_l r^{-(l+1)}\right]P_l(\cos\theta) \tag{2-14}$$

在粒子表面 $r = a$，当边界条件为 $r \to \infty$ 时，可以得到系数 A_l、B_l 及 C_l；$\Phi_{out} \to -E_0 z = -E_0 r \cos\theta$，此时 $B_1 = -E_0$，并且 $B_l = 0 (l \neq 1)$。剩下的系数 A_l、C_l 是通过 $r = a$ 时的边界条件定义的。此体系的边界条件还满足界面处电势相等，电场正切分量相等，有

$$-\frac{1}{a}\frac{\partial\Phi_{in}}{\partial\theta}\bigg|_{r=a} = -\frac{1}{a}\frac{\partial\Phi_{out}}{\partial\theta}\bigg|_{r=a} \tag{2-15}$$

位移场的垂直分量相等，有

$$-\varepsilon_0 \varepsilon \frac{\partial \Phi_{\text{in}}}{\partial r}\bigg|_{r=a} = -\varepsilon_0 \varepsilon_m \frac{\partial \Phi_{\text{out}}}{\partial r}\bigg|_{r=a} \tag{2-16}$$

假设外加电场在无穷远处不受扰动，并且满足以上这些边界条件时，得到 $A_l = C_l = 0(l \neq 0)$，通过计算系数 A_l 和 C_l，其电势的表达式为

$$\Phi_{\text{in}} = -\frac{3\varepsilon_m}{\varepsilon + 2\varepsilon_m} E_0 r \cos\theta \tag{2-17}$$

$$\Phi_{\text{out}} = -E_0 r \cos\theta + \frac{\varepsilon - \varepsilon_m}{\varepsilon + 2\varepsilon_m} E_0 a^3 \frac{\cos\theta}{r^2} \tag{2-18}$$

从式（2-18）可以看出，粒子外部的电势可以看作外加电场电势与位于粒子中心的偶极子电势的相加。通过引入一个偶极矩 $\boldsymbol{P}$，粒子外部的电势可以变形为

$$\Phi_{\text{out}} = -E_0 r \cos\theta + \frac{\boldsymbol{P} \cdot \boldsymbol{r}}{4\pi\varepsilon_0 \varepsilon_m r^3} \tag{2-19}$$

$$\boldsymbol{P} = 4\pi\varepsilon_0 \varepsilon_m a^3 \frac{\varepsilon - \varepsilon_m}{\varepsilon + 2\varepsilon_m} \boldsymbol{E}_0 \tag{2-20}$$

因为外加电场在粒子内部诱导产生了一个大小正比于 $|\boldsymbol{E}_0|$ 的偶极矩，这里引入偶极矩 $\boldsymbol{P} = \varepsilon_0 \varepsilon_m \alpha \boldsymbol{E}_0$ 的极化率，可以得到

$$\alpha = 4\pi a^3 \frac{\varepsilon - \varepsilon_m}{\varepsilon + 2\varepsilon_m} \tag{2-21}$$

图 2-2 给出了极化率 α 的绝对值及位相随外场频率的变化关系，其中介电常数 ε_m 满足 Drude 形式。从图中可以清楚地看出，在 $|\varepsilon + 2\varepsilon_m|$ 为最小值的情况下，极化率有一个共振增强的现象。当在缓慢变化的 $\text{Im}|\varepsilon|$ 条件下，介电常数可以简化为

$$\text{Re}[\varepsilon(\omega)] = -2\varepsilon_m \tag{2-22}$$

式（2-22）对应关系称为 Fröhlich 条件。在振荡场中，相对应的模式为金属纳米粒子的偶极表面等离激元。将一个介电常数满足式（2-6）的 Drude 金属球放置于大气中，当频率为 $\omega_0 = \omega_p / \sqrt{3}$ 时，才会满足 Fröhlich 条件。Fröhlich 条件也进一步表明了共振频率与周围介质的介电常数有强烈依赖关系：当 ε_m 增加时，共振表现为红移。由此可见，金属纳米粒子对于光传感的变化是一个很理想的媒介。

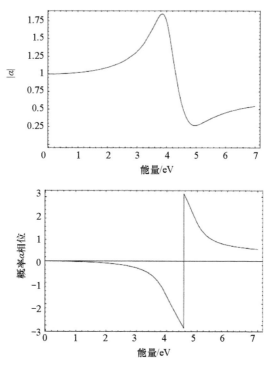

图 2-2　外加电场频率与亚波长金属纳米粒子极化率的绝对值及位相的变化关系

值得注意的是，由于 $\mathrm{Im}[\varepsilon(\omega)] \neq 0$，极化率在共振处的大小受分母限制。电场 $\boldsymbol{E} = -\nabla \boldsymbol{\Phi}$ 的分布可以从式（2-17）以及式（2-18）中推导得到，即

$$\boldsymbol{E}_{\mathrm{in}} = \frac{3\varepsilon_{\mathrm{m}}}{\varepsilon + 2\varepsilon_{\mathrm{m}}} \boldsymbol{E}_0 \tag{2-23}$$

$$\boldsymbol{E}_{\mathrm{out}} = \boldsymbol{E}_0 + \frac{3\boldsymbol{n}(\boldsymbol{n}\cdot\boldsymbol{p}) - \boldsymbol{p}}{4\pi\varepsilon_0\varepsilon_{\mathrm{m}}} \frac{1}{r^3} \tag{2-24}$$

在极化率 α 中的共振会使金属粒子内场以及偶极场的共振增强。正是由于等离激元共振处的场增强，使得金属纳米粒子在光学器件、传感等领域有很大的潜在应用价值。

假设有一个半径为 a 的粒子位于波长为 λ 的电磁场中，电磁场的波长远远大于纳米粒子的直径，电磁场的电场强度 $\boldsymbol{E}(\boldsymbol{r},t) = \boldsymbol{E}_0 \mathrm{e}^{-\mathrm{i}\omega t}$。在准

静态近似条件下，该粒子可以看作理想偶极子。纳米粒子在外电场的作用下，诱导产生的振荡偶极矩 $\boldsymbol{P}(t)=\varepsilon_0\varepsilon_m\alpha\boldsymbol{E}_0\mathrm{e}^{-\mathrm{i}\omega t}$。其中，$\alpha$ 可由式（2-21）得出。外加电磁场作用纳米粒子，偶极辐射导致平面波的散射，可以认为是点偶极子的辐射。

在偶极子的近、中间和辐射区域，对于全场 $\boldsymbol{H}(t)=\boldsymbol{H}\mathrm{e}^{-\mathrm{i}\omega t}$ 和 $\boldsymbol{E}(t)=\boldsymbol{E}\mathrm{e}^{-\mathrm{i}\omega t}$ 有

$$\boldsymbol{H}=\frac{ck^2}{4\pi}(\boldsymbol{n}\times\boldsymbol{p})\frac{\mathrm{e}^{\mathrm{i}kr}}{r}(1-\frac{1}{\mathrm{i}kr}) \tag{2-25}$$

$$\boldsymbol{E}=\frac{1}{4\pi\varepsilon_0\varepsilon_m}\{k^2(\boldsymbol{n}\times\boldsymbol{p})\times\boldsymbol{n}\frac{\mathrm{e}^{\mathrm{i}kr}}{r}+[3\boldsymbol{n}(\boldsymbol{n}\cdot\boldsymbol{p})-\boldsymbol{p}]\left(\frac{1}{r^3}-\frac{\mathrm{i}k}{r^2}\right)\mathrm{e}^{\mathrm{i}kr}\} \tag{2-26}$$

式中：$k=2\pi/\lambda$（rad/m）；$\boldsymbol{n}$ 为 $\boldsymbol{P}$ 点方向上的单位矢量。在近场区域下（$kr\ll1$），则式（2-24）可以变形为

$$\boldsymbol{E}=\frac{3\boldsymbol{n}(\boldsymbol{n}\cdot\boldsymbol{p})-\boldsymbol{p}}{4\pi\varepsilon_0\varepsilon_m}\frac{1}{r^3} \tag{2-27}$$

振荡场的磁场则可以表示为

$$\boldsymbol{H}=\frac{\mathrm{i}\omega}{4\pi}(\boldsymbol{n}\times\boldsymbol{p})\frac{1}{r^2} \tag{2-28}$$

在近场中，由于磁场有一个因子 $\sqrt{\varepsilon_0/\mu_0}\,(kr)$，磁场大小远远小于电场的大小，电场占主要作用。对于静场而言，因为 $kr\to0$，所以磁场消失。

在辐射区域的相反限制下，规定 $kr\gg1$，偶极场可以转变为球面波形式，即

$$\boldsymbol{H}=\frac{ck^2}{4\pi}(\boldsymbol{n}\times\boldsymbol{p})\frac{\mathrm{e}^{\mathrm{i}kr}}{r} \tag{2-29}$$

$$\boldsymbol{E}=\sqrt{\frac{\mu_0}{\varepsilon_0\varepsilon_m}}\boldsymbol{H}\times\boldsymbol{n} \tag{2-30}$$

共振增强极化率 α 的同时，并伴随着纳米粒子吸收与散射光效率的增强。式（2-25）和式（2-26）使用波印亭矢量（Poynting-Vector），就可以计算得到散射横截面 C_{sca} 与吸收横截面 C_{abs} 分别为

$$C_{\text{sca}} = \frac{k^4}{6\pi}|\alpha|^2 = \frac{8\pi}{3}k^4 a^6 \left|\frac{\varepsilon - \varepsilon_{\text{m}}}{\varepsilon + 2\varepsilon_{\text{m}}}\right|^2 \tag{2-31}$$

$$C_{\text{abs}} = k\,\text{Im}[\alpha] = 4\pi k a^3\,\text{Im}\left[\frac{\varepsilon - \varepsilon_{\text{m}}}{\varepsilon + 2\varepsilon_{\text{m}}}\right] \tag{2-32}$$

式中：a 为球粒子半径（m）。对于非常小的纳米粒子而言，如果直径远远小于外加电场的波长，纳米粒子的吸收效率与 a^3 成正比，大于 $-5a^6$ 成正比的散射效率。此外，在 C_{sca} 和 C_{abs} 的推导中，并没有明确假定纳米粒子就是金属纳米粒子，式（2-31）与式（2-32）对于电介质散射球也同样适用。由于散射横截面与 a^6 成正比，从粒子直径大的散射背景中很难识别出小颗粒。粒子尺寸小于 40 nm 的颗粒浸入在大粒子中，要想识别这些小粒子，可以通过光热技术实现。对于金属纳米粒子而言，式（2-31）和式（2-32）也表明，吸收、散射在偶极粒子等离激元共振下都得到了共振增强。在准静态近似条件下，体积为 V 的纳米球，介电常数为 $\varepsilon(\omega) = \varepsilon_{\text{r}} + \text{i}\varepsilon_{\text{i}}$，消光谱横截面 $C_{\text{ext}} = C_{\text{abs}} + C_{\text{sca}}$ 为

$$C_{\text{ext}} = 9\frac{\omega}{c}\varepsilon_{\text{m}}^{3/2}V\frac{\varepsilon_{\text{i}}}{[\varepsilon_{\text{r}} + 2\varepsilon_{\text{m}}]^2 + \varepsilon_{\text{i}}^2} \tag{2-33}$$

图 2-3 给出了在准静态近似计算得到的银球在两种不同介质中的消光谱。从图中可以很清晰地看到，较之在空气中，银球在硅介质中的消光峰出现了红移的现象。

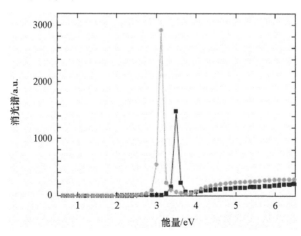

图 2-3　银纳米球在空气中（图中方块曲线）以及硅中（圆点曲线）的消光谱图

使用以上方程，亚波长金属纳米结构的局域表面等离激元共振的物理机制得到了很好地诠释。椭球形结构是更普遍服从静态近似的纳米结构，椭球方程为 $\dfrac{x^2}{a_1^2} + \dfrac{y^2}{a_2^2} + \dfrac{z^2}{a_3^2} = 1$，其半轴为 $a_1 \leqslant a_2 \leqslant a_3$。对于椭球坐标下的散射问题，极化率 α_i（$i=1,2,3$）沿着主轴的表达式为

$$\alpha_i = 4\pi a_1 a_2 a_3 \frac{\varepsilon(\omega) - \varepsilon_{\mathrm{m}}}{3\varepsilon_{\mathrm{m}} + 3L_i(\varepsilon(\omega) - \varepsilon_{\mathrm{m}})} \tag{2-34}$$

式中：L_i 为几何参数因子，有

$$L_i = \frac{a_1 a_2 a_3}{2} \int_0^\infty \frac{\mathrm{d}q}{(a_i^2 + q)f(q)} \tag{2-35}$$

式中：$f(q) = \sqrt{(q + a_1^2)(q + a_2^2)(q + a_3^2)}$，几何参数因子满足 $\sum L_i = 1$。当满足 $L_1 = L_2 = L_3 = 1/3$ 时，纳米结构为球形。此外，椭球形的极化率也可以用去极化因子 $\tilde{L}_i$ 来表述，$E_{1i} = E_{0i} - \tilde{L}_i P_{1i}$。$E_{1i}$ 和 P_{1i} 分别是外加电场 E_{0i} 在粒子内部诱导产生的电场与极化。$\tilde{L}$ 和 L 的关系式为

$$\tilde{L}_i = \frac{\varepsilon - \varepsilon_{\mathrm{m}}}{\varepsilon - 1} \frac{L_i}{\varepsilon_0 \varepsilon_{\mathrm{m}}} \tag{2-36}$$

不同的半轴长度对应不同的纳米形状。当 $a_2 = a_3$ 时，纳米结构表现为扁长的球体；当 $a_1 = a_2$ 时，纳米结构表现为扁圆球体。从式（2-34）可知，由于导带电子沿长轴与短轴各自振荡，球体金属纳米粒子呈现两个独立、特殊的等离激元共振。对比于相同体积的球形粒子，球体粒子沿主轴的等离激元共振在光谱中表现为红移。因此，当金属纳米粒子有较大的横纵比时，等离激元共振波长落在低频的近红外区。在定量分析时，只有当主轴长度远远小于其激发波长时，式（2-34）才严格成立。

如果纳米球体或者球形粒子的外面镀一层不同材料的薄膜时，由于纳米球核或者球壳粒子包含一个电介质核或者一层薄金属层，这样就使得其等离激元共振波长有很大的可调节范围。假设有一内径为 a_1、介电常数 ε_1，外径为 a_2、介电常数 ε_2 的亚波长纳米粒子，其极化率可以表示为

$$\alpha = 4\pi a_2^3 \frac{(\varepsilon_2 - \varepsilon_{\mathrm{m}})(\varepsilon_1 + 2\varepsilon_2) + f(\varepsilon_1 - \varepsilon_2)(\varepsilon_{\mathrm{m}} + 2\varepsilon_2)}{(\varepsilon_2 + 2\varepsilon_{\mathrm{m}})(\varepsilon_1 + 2\varepsilon_{\mathrm{m}}) + f(2\varepsilon_2 - 2\varepsilon_{\mathrm{m}})(\varepsilon_1 - \varepsilon_2)} \tag{2-37}$$

式中，内球占整个粒子的体积用 $f = a_1^3 / a_2^3$ 表示。

以上关于纳米粒子的极化率的推导都是基于准静态近似下求解，即把纳米粒子看作偶极子处理。由于纳米粒子的尺寸远远小于其激发波长，外电场在纳米粒子每点的相位都相同，忽略了电场在纳米粒子体积上的相位延迟效应以及场辐射衰减效应。当纳米粒子的尺寸较大时，接近于激发波长时，电场在纳米粒子每点的相位不相同且外加电场的穿透深度小于半径，即整个纳米粒子中的电场不再均匀，此时，纳米粒子不能看作偶极子，必须考虑其高阶模式，其极化率的表达式为

$$\alpha_{corr} = \frac{\alpha}{1 - \frac{2}{3}ik^3 \frac{\alpha}{4\pi} - \frac{1}{\alpha}k^2 \frac{\alpha}{4\pi}} \tag{2-38}$$

2.1.2 表面等离极化激元

表面等离极化激元是外加电磁场与金属纳米结构中自由电子相互作用产生的沿金属-电介质界面传播的电子疏密波，其振幅在垂直方向呈指数衰减。一般情况下，在两种半无限大且各向同性的材料构成的分界面处，电位移矢量 $\boldsymbol{D} = \varepsilon_0 \varepsilon_m \boldsymbol{E}$ 的法向分量是连续的。如果分界面是由负介电常数的金属和正介电常数的介质组成，则电场的法向分量在分界面的两侧方向相反，这样电场的法向分量在分界面不连续引起表面极化电荷的分布。

根据麦克斯韦方程组以及边界条件，可以推导出表面等离极化激元的场分布以及色散特性。当外加电场为横电波（TE）时，电场只有切向分量，在分界面上无法诱导产生表面极化电荷，也就不存在沿其表面传输的电磁波。当外加电场为横磁波（TM）时，电场在法向和水平方向都有分量，在介电常数为 ε_2 的非吸收介质和介电常数为 ε_1 的金属介质的分界面上产生了表面极化电荷。使用半无限大场方程为

$$\frac{\partial^2 H_y}{\partial z^2} + \left(k_0^2 \varepsilon - k_x^2\right)H_y = 0 \tag{2-39}$$

当 $z > 0$ 时，有

$$H_y(z) = A_2 e^{ik_x x} e^{-k_2 z} \tag{2-40}$$

$$E_x(z) = iA_2 \frac{1}{\omega \varepsilon_0 \varepsilon_2} k_2 e^{ik_x x} e^{-k_2 z} \tag{2-41}$$

$$E_z(z) = -A_2 \frac{k_x}{\omega \varepsilon_0 \varepsilon_2} e^{ik_x x} e^{-k_2 z} \tag{2-42}$$

当 $z < 0$ 时，有

$$H_y(z) = A_1 e^{ik_x x} e^{k_1 z} \tag{2-43}$$

$$E_x(z) = -iA_1 \frac{1}{\omega \varepsilon_0 \varepsilon_1} k_1 e^{ik_x x} e^{k_1 z} \tag{2-44}$$

$$E_z(z) = -A_1 \frac{k_x}{\omega \varepsilon_0 \varepsilon_1} e^{ik_x x} e^{k_1 z} \tag{2-45}$$

式中：$k_i \equiv k_{z,i}$ ($i=1$，2)为垂直于分界面的波矢分量，其倒数可表示垂直于分界面电场的衰减长度。再根据边界连续条件：$\varepsilon_i E_z$ 和 H_y 在分界面连续，需要同时满足 $A_1 = A_2$ 及 $\dfrac{k_2}{k_1} = -\dfrac{\varepsilon_2}{\varepsilon_1}$。如果非吸收介质的介电常数大于零且金属纳米结构的介电常数的实部是负数，平面波就可以在其分界面存在（图 2-4）。H_y 的表达式进一步也满足式（2-39），可以得到

$$k_1^2 = k_x{}^2 - k_0^2 \varepsilon_1 \tag{2-46}$$

$$k_2^2 = k_x{}^2 - k_0^2 \varepsilon_2 \tag{2-47}$$

结合以上等式，就可以得到表面等离极化激元在两个半无限大空间的分界面的色散关系为

$$k_{\mathrm{spp}} = k_x = k_0 \sqrt{\frac{\varepsilon_1 \varepsilon_2}{\varepsilon_1 + \varepsilon_2}} \tag{2-48}$$

图 2-4　表面等离极化激元在金属与电介质分界面传输结构

从式（2-48）可以得到表面等离极化激元的色散关系（图 2-5）。从图中可以看出，激元的色散曲线分布在光锥线的右侧，即当频率一定的

情况下，光波矢小于激元的波矢。由于两者的波矢不相匹配，直接使用平面波无法激发表面等离极化激元。通常利用平面波作用一些含有特殊纳米结构满足波矢匹配进而诱导产生表面等离极化激元，通常方法有棱镜耦合、光栅耦合、波导模耦合、强聚焦光束以及近场激发等手段[83-87]。

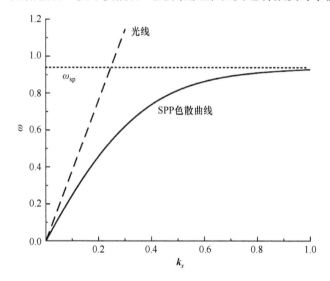

图 2-5　表面等离极化激元在金属和空气分界面的色散关系

实线—色散曲线；虚线—光锥线；点线—表面等离激元的共振频率。

一般情况下，金属材料的介电常数的实部绝对值远远大于其虚部，即 $|\varepsilon_{2r}| \gg \varepsilon_{2i}$，这样表面等离极化激元的波矢实部和虚部进一步可以表示为

$$k_{sppr} = k_0 \left(\frac{\varepsilon_1 \varepsilon_{2r}}{\varepsilon_1 + \varepsilon_{2r}} \right)^{1/2} \tag{2-49}$$

$$k_{sppi} = k_0 \left(\frac{\varepsilon_1 \varepsilon_{2r}}{\varepsilon_1 + \varepsilon_{2r}} \right)^{3/2} \frac{\varepsilon_{2i}}{2\varepsilon_{2r}^2} \tag{2-50}$$

从式（2-49）、式（2-50）可以看出，当 $\varepsilon_{2r} < 0$ 且 $|\varepsilon_{2r}| > \varepsilon_1$ 时，k_{sppr} 是一个实数，说明表面等离极化激元在沿 x 方向为行波。而 k_{sppi} 代表了激元在传播过程中，由于金属吸收而引起的衰减。这时可以知道激元在分

界面的传播长度，取能量衰减为初始值的 $1/k_0$，有

$$L_{\text{spp}} = \frac{1}{k_0} \left(\frac{\varepsilon_1 + \varepsilon_{2\text{r}}}{\varepsilon_1 \varepsilon_{2\text{r}}} \right)^{3/2} \frac{\varepsilon_{2\text{r}}^2}{\varepsilon_{2\text{i}}} \tag{2-51}$$

此外，还可以得到波矢在法向方向的分量 k_z 的表达式为

$$k_z = \pm \left(\varepsilon_j k_0^2 - \frac{\varepsilon_1 \varepsilon_2}{\varepsilon_1 + \varepsilon_2} k_0^2 \right)^{1/2} = \pm k_0 \left(\frac{\varepsilon_j^2}{\varepsilon_1 + \varepsilon_2} \right)^{1/2} \quad j = 1, 2 \tag{2-52}$$

同样法向分量的波矢虚部表示激元在分界面两侧的穿透深度，场强衰减为初始值的 $1/k_z$ 时，有

$$L_z = \frac{1}{|k_z|} \tag{2-53}$$

2.2 超快等离激元动力学理论

等离激元最显著的特征为增强的局域近场，局域近场是外激光场与该激光场诱导产生等离激元光学响应的叠加。局域近场 $E_{\text{loc}}(t)$ 可建模为外场 $E_{\text{laser}}(t)$ 与等离激元响应 $R(t)$ 的卷积，即

$$E_{\text{loc}}(t) = E_{\text{laser}}(t) * R(t) \tag{2-54}$$

等离激元响应函数描述纳米结构集体电子的振荡情况（等离激元），实现了外场到局域近场的修正，决定局域近场的增强。

图 2-6 给出了纳米结构超快等离激元动力学的原理示意图。基于等离激元诱导多光子辐射过程，改变两束脉冲的延时 τ，得到了光电子产额随延时的变化关系即等离激元的动力学时间演化。本书中表征超快等离激元的动力学过程主要是通过测量偏振相同的两束飞秒激光脉冲在不同延时激发纳米结构产生的光电子产额来实现。纳米结构光电子的逸出由外激光场以及局域近场激发共同作用的。在等离激元共振条件下，由于局域近场的强度远远大于外激光场的强度，所以可以近似认为光电子产额是由局域近场激发产生的。所测得的光电子产额不仅包含电子从占据态到非占据态的信息，而且同时携带了等离激元振荡的信息。两束相同脉冲不同延时 τ 激发纳米结构产生的局域近场 $E_{\text{loc}}(t, \tau)$ 为

$$E_{\text{loc}}(t,\tau) = E_{\text{laser}}(t,\tau) * R(t) \qquad (2\text{-}55)$$

光电子产额 $S(\tau)$ 用下面的等式表示，即

$$S(\tau) = \int_{-\infty}^{\infty} |E_{\text{loc}}(t,\tau)|^{2n}\, dt \qquad (2\text{-}56)$$

式中：积分项代表了整个延时下的光电子产额；n 为光电子逸出过程的非线性阶数。根据卷积定理，式（2-55）可以变形为

$$E_{\text{loc}}(t,\tau) = E_{\text{laser}}(t,\tau) * R(t) = \big[E(t) + E(t+\tau)\big] * R(t)$$

$$= \int_{-\infty}^{\infty} E(\omega)R(\omega)(1 + e^{-i\omega\tau})e^{i\omega t}\, d\omega \qquad (2\text{-}57)$$

式（2-57）中，傅里叶变换使局域近场从时域到频域的转换，并且同样包含了纳米结构光谱光学响应函数 $R(\omega)$。而光谱响应函数又决定了等离激元的动力学时间演化。

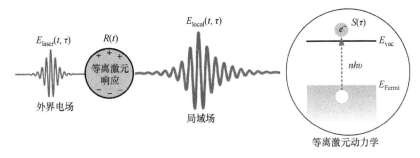

图 2-6 等离激元动力学原理示意图

接下来，从 3 个简单模型的微分方程得到各自的等离激元响应函数，具体如下。

2.2.1 单个谐振子

第一种模型为单个阻尼谐振子，其运动是受外激光场诱导产生局域近场所驱使。在该模型中，等离激元动力学由以下微分方程决定，即

$$\partial_t^2 E_{\text{loc}}(t,\tau) + 2\gamma\partial_t E_{\text{loc}}(t,\tau) + \omega_r^2 E_{\text{loc}}(t,\tau) = E_{\text{laser}}(t) \qquad (2\text{-}58)$$

式中：ω_r 与 γ 分别为等离激元共振频率（rad/s）、振荡过程中阻尼因子。阻尼因子的大小又可以通过均匀线宽得到，$\Gamma_{\text{hom}} = \hbar\gamma$。在时域上，共振的均匀线宽进一步与去相位时间 T_2 有着密切的联系，即 $\Gamma_{\text{hom}} = 2\hbar/T_2$。在简单近似下，$T_2 = 2\tau_{\text{pl}}$，$\tau_{\text{pl}}$ 为等离激元的寿命。同样地，进行傅里叶

变换得到频域下的局域近场大小为

$$E_{\text{loc}}(\omega, \tau) = \frac{E_{\text{laser}}(\omega)}{\omega_r^2 + 2\gamma i\omega - \omega^2} \qquad (2\text{-}59)$$

进一步就可以得到该模型的响应函数为

$$R(\omega) = \frac{1}{\omega_r^2 + 2\gamma i\omega - \omega^2} \qquad (2\text{-}60)$$

2.2.2 两个未耦合谐振子

第二种模型为两个彼此之间无相互作用的谐振子共同决定响应函数 $R(\omega)$，其大小可由这两个具有不同共振频率以及阻尼参数的谐振子响应函数之和表征。正如 2.2.1 节给出，每个谐振子都由外激光场驱动。整体的响应函数由每个谐振子响应函数的线性叠加得到，即

$$R(\omega) = a_1 R_1(\omega) + a_2 R_2(\omega) \qquad (2\text{-}61)$$

式中：a_1 与 a_2 为各自的系数；$R_1(\omega)$ 以及 $R_2(\omega)$ 由式（2-64）和式（2-65）得到。值得注意的是，因为两个谐振子的干涉使得响应函数表现出非常复杂的光谱特征。

2.2.3 两个耦合谐振子

第三种模型由两个相互耦合的谐振子组成，其动力学由下面两个微分方程给出，形式为

$$\partial_t^2 E_1^{\text{loc}}(t) + 2\gamma_1 \partial_t E_1^{\text{loc}}(t) + \omega_1^2 E_1^{\text{loc}}(t) + \kappa E_2^{\text{loc}}(t) = E_{\text{laser}}(t) \quad (2\text{-}62)$$

$$\partial_t^2 E_2^{\text{loc}}(t) + 2\gamma_2 \partial_t E_2^{\text{loc}}(t) + \omega_2^2 E_2^{\text{loc}}(t) + \kappa E_1^{\text{loc}}(t) = 0 \qquad (2\text{-}63)$$

式中：κ 为两个耦合谐振子的耦合系数。考虑两个耦合谐振子的情况为，一个谐振子受外激光场激发，被激发的谐振子仅通过耦合作用使另一个谐振子振荡。同样地，利用傅里叶变换可以得到每个谐振子的响应函数，即

$$R_1(\omega) = \frac{-(\omega_2^2 + 2\gamma_2 i\omega - \omega^2)}{\kappa^2 - (\omega_2^2 + 2\gamma_2 i\omega - \omega^2)(\omega_1^2 + 2\gamma_1 i\omega - \omega^2)} \qquad (2\text{-}64)$$

$$R_2(\omega) = \frac{\kappa}{\kappa^2 - (\omega_2^2 + 2\gamma_2 i\omega - \omega^2)(\omega_1^2 + 2\gamma_1 i\omega - \omega^2)} \qquad (2\text{-}65)$$

同理，整体响应函数可由式（2-61）得到。

此外，还对纳米线的等离激元的动力学给出理论分析。如图 2-7 所示，当平面波辐照纳米结构时，其电场振幅是受泵浦光与探测光的延时差支配。在下面的讨论中，不考虑入射光脉冲结构。全电场的时间行为可以表述为

$$E_{tot}(t) = E_1 \cdot e^{i\omega t} + E_2 \cdot e^{i\omega t + \Delta\varphi(t)} \qquad (2-66)$$

式中：E_1、E_2 分别为泵浦光与探测光的振幅（V/m）；ω 为入射激光脉冲的振荡频率（rad/s）。假设在纳米结构 $r=0$ 处，从右向左的入射光脉冲与表面等离激元相耦合，该点局域振荡的电场可以表示为

$$E_{LSP}(t, r=0) = A(\omega)e^{i\delta(\omega)} \cdot E_{tot}(t) = A(\omega)e^{i\delta(\omega)} \cdot (E_1 \cdot e^{i\omega t} + E_2 \cdot e^{i\omega t + \Delta\varphi(t)})$$

$$(2-67)$$

式中：$A(\omega)$ 为电场耦合等离激元产生局域电场的放大因子；$\delta(\omega)$ 为等离激元响应到外场的相移。实验中，可以用纳米结构 $r=0$ 处的光电子产额间接表征 $E_{LSP}(t, r=0)$ 的大小。通过改变马赫-曾德尔干涉仪中两束脉冲的延时即相位 $\Delta\varphi(t)$ 得到局域多光子光电子辐射强度与时间的周期变化关系，它直接反映出泵浦光与探测光之间的相长、相消干涉。

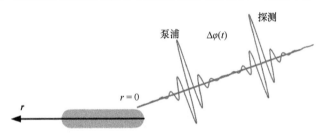

图 2-7　泵浦光与探测光激发纳米结构示意图

$E_{tot}(t)$ 和 $E_{LSP}(t, r=0)$ 两个场的相位以不同的相速度沿着纳米结构传输。外加电场 $E_{tot}(t)$ 在纳米线的 r 处引起局域变化的电场 $E'_{LSP}(t, r)$ 为

$$E'_{LSP}(t, r) = A'(\omega, r)e^{i(\delta(\omega) + \rho(r))} \cdot E_{tot}(t) \qquad (2-68)$$

$\rho(r) = \omega/c \cdot r$ 为相对于等离激元场 $E_{LSP}(t, r=0)$ 的相位差。其中，$E_{LSP}(t, r=0)$ 受平面波的相速度 c 支配。类似地，传输等离激元在纳米结构 r 处诱导产生的电场为

$$E_{LSP}(t, r) = A(\omega, r)e^{i(\delta(\omega) + \rho_{LSP}(r))} \cdot E_{tot}(t) \qquad (2-69)$$

式中：$\rho_{LSP}(r) = \omega/\nu_{LSP} \cdot r$ 是 $E_{LSP}(t,r)$ 相对于 $E_{LSP}(t,r=0)$ 的相位延时，受纳米结构等离激元的相速度 ν_{LSP} 支配。纳米线 r 位置处的光电子产额主要是受 $E'_{LSP}(t,r)$ 和 $E_{LSP}(t,r)$ 的干涉所决定。对于确定的泵浦光与探测光的延时 τ，$E'_{LSP}(t,r)$ 和 $E_{LSP}(t,r)$ 干涉取决于局域相位差 $\rho(r) - \rho_{LSP}(r)$，可以表征纳米线 r 处的整体局域近场振幅 $E'_{LSP}(t,r) + E_{LSP}(t,r)$ 的大小。仅有 $\rho(r) = \rho_{LSP}(r)$，整个纳米结构上的整体局域近场的大小才是常数。一般来说，集体激发的相速度 ν_{LSP} 不同于光在真空中的相速度 c，导致两场之间存在相位损耗，因此可以观察到局域多光子光电子辐射强度的调控。

以上已经考虑了固定的泵浦光与探测光的时间延时 τ 即相位延时 $\Delta\varphi$ 固定。在相位分辨多光子光电子辐射实验中，如果两束脉冲的时间延时 τ 是变量，为相位特性提供了一个额外的自由度，进而表征纳米结构的整体近场局域干涉情况。结合 PEEM 得到一系列不同时间的图像，额外相位贡献成为纳米结构局域电场分布的有效操纵手段。对于一些特殊的纳米结构，改变两束脉冲的相对延时可以使最大场振幅从纳米结构的某点移到另一点，又可以成为纳米结构局域近场相干操纵的有效手段。

2.3　超快等离激元控制理论

以图 2-8 所示的纳米结构为例，通过对激光脉冲整形说明纳米结构中 r_1 和 r_2 位置处的等离激元场的主动控制理论。在给定纳米结构以及激光照射的情况下，通过求解麦克斯韦方程组来计算纳米结构的线性光学响应。这个过程主要依据多极扩展准则的多重弹性散射（MESME）来完成[88]。在频域上，该方法可以快速、准确地得到任意形状、尺寸的散射体的线性光学响应。通过多重迭代，得到的光学响应（光场增强）方程是空间坐标与相位的一个等式，即

$$A^{(i)}(\boldsymbol{r},\omega) = \begin{pmatrix} A_x^{(i)}(\boldsymbol{r},\omega) \\ A_y^{(i)}(\boldsymbol{r},\omega) \\ A_z^{(i)}(\boldsymbol{r},\omega) \end{pmatrix} \qquad (2\text{-}70)$$

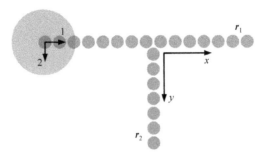

图 2-8　紧聚焦高斯光束辐照纳米球链条（偏振分量 1 和 2 分别沿 x 和 y 方向）

$\left| A_\alpha^{(i)}(\boldsymbol{r},\omega) \right|$ 描述了两个远场的偏振分量 $i=1,2$ 耦合到光学近场的程度，其矢量的叠加以及色散特性主要是靠相位 $\theta_\alpha^{(i)}(\boldsymbol{r},\omega) = \arg\left\{ A_\alpha^{(i)}(\boldsymbol{r},\omega) \right\}$ 来表征。响应函数是纳米结构自身的特性，与外加电场的形状无关，并且包含等离激元的激发以及沿纳米链条的传输性质。

在频域中，入射激光脉冲可以由两个相互垂直的偏振分量来表示：$E_1^{in}(\omega)$ 沿着 x 轴，$E_2^{in}(\omega)$ 沿着 y 轴。电场的振幅 $\sqrt{I_i(\omega)}$ 以及位相 $\theta_i(\omega)$ 可以通过脉冲整形技术得到[89]，即

$$E_i^{in}(\omega) = \sqrt{I_{(i)}(\omega)} \exp[i\varphi_i(\omega)] \qquad (2\text{-}71)$$

由于麦克斯韦方程组是线性的，整体局域近场 $\boldsymbol{E}(\boldsymbol{r},\omega)$ 可由两不同偏振方向的远场产生近场的线性叠加来得到，即

$$\boldsymbol{E}(\boldsymbol{r},\omega) = \begin{pmatrix} A_x^{(1)}(\boldsymbol{r},\omega) \\ A_y^{(1)}(\boldsymbol{r},\omega) \\ A_z^{(1)}(\boldsymbol{r},\omega) \end{pmatrix} \sqrt{I_1(\omega)} \exp[i\varphi_1(\omega)] + \begin{pmatrix} A_x^{(2)}(\boldsymbol{r},\omega) \\ A_y^{(2)}(\boldsymbol{r},\omega) \\ A_z^{(2)}(\boldsymbol{r},\omega) \end{pmatrix} \sqrt{I_2(\omega)} \exp[i\varphi_2(\omega)]$$

$$(2\text{-}72)$$

对于单个偏振矢量而言，局域电场在时域上的振幅以及相位可以通过对 $\boldsymbol{E}(\boldsymbol{r},\omega)$ 进行傅里叶逆变化来得到。对式（2-72）变形，得到

$$\boldsymbol{E}(\boldsymbol{r},\omega) = \left\{ \begin{pmatrix} A_x^{(1)}(\boldsymbol{r},\omega) \\ A_y^{(1)}(\boldsymbol{r},\omega) \\ A_z^{(1)}(\boldsymbol{r},\omega) \end{pmatrix} \sqrt{I_1(\omega)} + \begin{pmatrix} A_x^{(2)}(\boldsymbol{r},\omega) \\ A_y^{(2)}(\boldsymbol{r},\omega) \\ A_z^{(2)}(\boldsymbol{r},\omega) \end{pmatrix} \sqrt{I_2(\omega)} \exp[-i\varPhi(\omega)] \right\}$$
$$\times \exp[i\varphi_1(\omega)]$$

$$(2\text{-}73)$$

式中，外加电场的两个偏振分量相位差为

$$\Phi(\omega) = \varphi_1(\omega) - \varphi_2(\omega) \tag{2-74}$$

从式（2-73）可以得到，入射脉冲的相位差以及两偏振分量电场的振幅 $\sqrt{I_1(\omega)}$、$\sqrt{I_2(\omega)}$ 都能够影响局域线通量即总局域近场的分布。相位 $\varphi_1(\omega)$ 可以对局域场的时间演化进行操纵。

结合 MESME 和式（2-72），可以计算得到整形后的激光脉冲在任何位置诱导产生的局域近场。用下面的方程定义局域光谱强度，即

$$S(\boldsymbol{r},\omega) = \sum_{\alpha=x,y,z} b_\alpha \left| E_\alpha(\boldsymbol{r},\omega) \right|^2 = \sum_{\alpha=x,y,z} b_\alpha \left| \mathrm{FT}\left[E_\alpha(\boldsymbol{r},\omega) \right] \right|^2 \tag{2-75}$$

式中：FT 表示傅里叶变化；b_α 为光谱强度信号包含的局域偏振分量。假设 $b_x=1$ 且 $b_y=b_z=0$，则外场与纳米结构的相互作用是沿 x 轴。在下面的计算中，规定 $b_x=b_y=b_z=1$，偶极矩是各向同性分布。然后利用帕斯维尔定理定义局域线通量，即

$$F_{\mathrm{lin}}(\boldsymbol{r}) = \int_{-\infty}^{\infty} \sum_{\alpha=x,y,z} b_\alpha E_\alpha^2(\boldsymbol{r},t)\mathrm{d}t = \frac{1}{2\pi} \int_{\omega_{\min}}^{\omega_{\max}} S(\boldsymbol{r},\omega)\mathrm{d}\omega \tag{2-76}$$

假设高斯激光脉冲的中心频率为 ω_0，当激光强度足够小时可以忽略其频率。$\delta\omega$ 划分的频率网格是有限与离散的，式（2-76）的频率求和就可以转换为式（2-75）在局域光谱所有频率的求和，即

$$F_{\mathrm{lin}} = \frac{\delta\omega}{2\pi} \sum_{\omega=\omega_{\min}}^{\omega_{\max}} \sum b_\alpha E_\alpha(\boldsymbol{r},\omega) E_\alpha^*(\boldsymbol{r},\omega) \tag{2-77}$$

式中：$E_\alpha^*(\boldsymbol{r},\omega)$ 为是复共轭。由于在计算中使用相同的网格，为了运算的简便，省略 $\dfrac{\delta\omega}{2\pi}$。把式（2-72）代入到式（2-75）中，可以得到局域光谱与外加激光强度 $I_i(\omega)$ 以及相位 $\varphi_i(\omega)$ 的关系为

$$S(\boldsymbol{r},\omega) = I_1(\omega) \sum_{\alpha=x,y,z} b_\alpha \left| A_\alpha^{(1)}(\boldsymbol{r},\omega) \right|^2 + I_2(\omega) \sum_{\alpha=x,y,z} b_\alpha \left| A_\alpha^{(2)}(\boldsymbol{r},\omega) \right|^2$$
$$+2\sqrt{I_1(\omega)I_2(\omega)} \, \mathrm{Re}\left\{ A_{\mathrm{mix}}(\boldsymbol{r},\omega)\exp[\mathrm{i}\Phi(\omega)] \right\} \tag{2-78}$$

式中：

$$A_{\mathrm{mix}}(\boldsymbol{r},\omega) = \sum_{\alpha=x,y,z} b_\alpha A_\alpha^{(1)}(\boldsymbol{r},\omega) A_\alpha^{(2)*}(\boldsymbol{r},\omega) = \left| A_{\mathrm{mix}}(\boldsymbol{r},\omega) \right| \exp[\mathrm{i}\theta_{\mathrm{mix}}(\boldsymbol{r},\omega)]$$

$$\tag{2-79}$$

$A_{\text{mix}}(\boldsymbol{r},\omega)$ 是 $|A_{\text{mix}}(\boldsymbol{r},\omega)|$ 的大小与相位 $\theta_{\text{mix}}(\boldsymbol{r},\omega)$ 的复标量积。其中，相位 $\theta_{\text{mix}}(\boldsymbol{r},\omega)$ 描述了两近场模式的混合，可由 MESME 算法计算得到。

类似地，还可以定义局域非线性通量为

$$F_{\text{nl}}(\boldsymbol{r}) = \int_{\infty}^{\infty} \left[\sum_{\alpha=x,y,z} b_{\alpha} E_{\alpha}^2(\boldsymbol{r},t) \right]^2 \mathrm{d}t \qquad (2\text{-}80)$$

首先，考虑纳米结构特定位置（图 2-8 中的 r_1 或 r_2）线性通量的最大或最小。式（2-78）为等离激元场的控制机理提供了视角。通过调节激光脉冲的相位 $\varphi_1(\omega)$ 和 $\varphi_2(\omega)$，可使式（2-78）中最后一项为最大或最小。

混合标量积 $|A_{\text{mix}}(\boldsymbol{r},\omega)|$ 的大小可以表征近场模式之间的投影程度，它决定该位置等离激元场的控制程度。当两近场模式间彼此无投影即两近场模式相互垂直，由于 $A_{\text{mix}}(\boldsymbol{r},\omega)=0$，两近场间不发生干涉，控制局域线性通量的大小比较困难。如果两近场模式平行，等离激元场的控制度最大。

相位标量积 $\theta_{\text{mix}}(\boldsymbol{r},\omega)$ 决定外激光脉冲的两偏振分量的位相差怎样被选择使式（2-78）中的干涉项为正值或者负值。相长干涉 $\Phi_{\text{max}}(\omega)$ 以及相消干涉 $\Phi_{\text{min}}(\omega)$ 的限制条件为

$$\begin{cases} \Phi_{\text{max}}(\omega) = -\theta_{\text{mix}}(\omega) \\ \Phi_{\text{min}}(\omega) = -\theta_{\text{mix}}(\omega) - \pi \end{cases} \qquad (2\text{-}81)$$

由于两近场模式间的干涉，线性通量的大小与外激光脉冲的偏振分量密不可分，即改变入射光的偏振态可使等离激元场的分布发生变化。通过偏振脉冲整形技术（如改变入射光两远场分量的相位），$A_{\text{mix}}(\boldsymbol{r},\omega)$ 成为表征等离激元场控制程度的物理量。

在宽光谱范围内，为了更好地理解实际近场响应，定义局域响应强度为局域光谱与入射高斯激光光谱的比值为

$$R(\boldsymbol{r},\omega) = \frac{S(\boldsymbol{r},\omega)}{I_{\text{G}}(\omega)} \qquad (2\text{-}82)$$

最大和最小局域线性通量相位差对应最大和最小的局域响应强度。如果两近场模式耦合到 y 轴，纳米结构中 r_2 位置处的局域响应强度大于 r_1 位置。同理，两近场模式耦合到 x 轴，纳米结构中 r_1 位置处的局域响应强度大于 r_2 位置。

接下来，考虑偏振整形调控外场强度 $I_1(\omega)$ 和 $I_2(\omega)$ 对线性通量的影响。通过式（2-78）可以得到，在纳米结构某一位置的线性通量的解无足轻重。在特定的频率下，脉冲整形调控的振幅仅仅改变光的强度，对最大线性通量最优解的贡献几乎为零。

如果考虑完全矢量整形，在某点的局域线性通量有重要解。根据式（2-78）和式（2-79），如果满足 $A^{(1)}(\boldsymbol{r},\omega)=\beta(\omega)A^{(2)}(\boldsymbol{r},\omega)$，两近场发生最理想的相消干涉即激光脉冲的两个偏振分量激发的局域近场模式平行，$\beta(\omega)\in\mathbb{C}$，激光强度应该满足 $I_1(\omega)/I_2(\omega)=|\beta(\omega)|^2$。根据式（2-81）可以得到相位差 $\varPhi(\omega)=-\arg\{\beta(\omega)\}-\pi$，符合理想相消干涉，该点的线性通量为零。

通过以上推导可知，在纳米结构某一位置处实现局域响应的控制。下面的目标是在两个完全不同位置实现线性局域响应的控制，即在图 2-8 所示纳米结构中，r_1 和 r_2 位置同时达到局域响应的最优控制。主要是通过这两点的线性局域通量差进行表征，即

$$f_{\text{lin}}\left[\varphi_1(\omega),\varphi_2(\omega),I_1(\omega),I_2(\omega)\right]=F_{\text{lin}}(\boldsymbol{r}_1)-F_{\text{lin}}(\boldsymbol{r}_2) \qquad (2\text{-}83)$$

通过式（2-77）和式（2-78），式（2-83）可以进一步改写为

$$f_{\text{lin}}=\sum_{\omega=\omega_{\min}}^{\omega_{\max}}\left|\boldsymbol{E}(\boldsymbol{r}_1,\omega)\right|^2-\sum_{\omega=\omega_{\min}}^{\omega_{\max}}\left|\boldsymbol{E}(\boldsymbol{r}_2,\omega)\right|^2=\sum_{\omega=\omega_{\min}}^{\omega_{\max}}\left(I_1(\omega)C_1(\omega)+I_2(\omega)C_2(\omega)+\right.$$
$$2\sqrt{I_1(\omega)I_2(\omega)}\{\left|A_{\text{mix}}(\boldsymbol{r}_1,\omega)\right|\cos\left[\theta_{\text{mix}}(\boldsymbol{r}_1,\omega)+\varPhi(\omega)\right]$$
$$\left.-\left|A_{\text{mix}}(\boldsymbol{r}_2,\omega)\right|\cos\left[\theta_{\text{mix}}(\boldsymbol{r}_2,\omega)+\varPhi(\omega)\right]\}\right) \qquad (2\text{-}84)$$

式中：

$$C_i(\omega)=\sum_{\alpha=x,y,z}b_\alpha\left|A_\alpha^{(i)}(\boldsymbol{r}_1,\omega)\right|^2-\left|A_\alpha^{(i)}(\boldsymbol{r}_2,\omega)\right|^2 \quad i=1,2 \qquad (2\text{-}85)$$

同样，式（2-85）是由纳米结构响应决定，并不受入射激光的相位以及振幅影响。通过求解式（2-84）的极值，线性通量可以在 r_1 或者 r_2 处得到最优控制，即两位置处的线性通量差最大或最小。

通过对式（2-84）求其一阶导数，来计算线性通量差的最优相位解，即

$$\frac{\delta}{\delta\varPhi(\omega)}f_{\text{lin}}=\sum_{\omega=\omega_{\min}}^{\omega_{\max}}g_{\text{lin}}(\omega) \qquad (2\text{-}86)$$

式中：

$$g_{\mathrm{lin}}(\omega) = 2\sqrt{I_1(\omega)I_2(\omega)}\{-\left|A_{\mathrm{mix}}(\boldsymbol{r}_1,\omega)\right|\sin\left[\theta_{\mathrm{mix}}(\boldsymbol{r}_1,\omega)+\varPhi(\omega)\right]$$
$$+\left|A_{\mathrm{mix}}(\boldsymbol{r}_2,\omega)\right|\sin\left[\theta_{\mathrm{mix}}(\boldsymbol{r}_2,\omega)+\varPhi(\omega)\right] \tag{2-87}$$

f_{lin} 是单个频率分量的线性和，每个频率都可被单独考虑计算。因此，当 $g_{\mathrm{lin}}(\omega)=0$ 时，f_{lin} 有极值。假设 $I_1(\omega)\neq0$ 且 $I_2(\omega)\neq0$（如果在任何频率间隔内，任意一个强度为 0，则相位 $\varphi_1(\omega)$ 和 $\varphi_2(\omega)$ 对于线性控制都是非相干的），最优的光谱相位差为

$$\tan\varPhi(\omega) = \arctan\left\{\frac{\left|A_{\mathrm{mix}}(\boldsymbol{r}_2,\omega)\right|\sin\left[\theta_{\mathrm{mix}}(\boldsymbol{r}_2,\omega)+\varPhi(\omega)\right]-}{\left|A_{\mathrm{mix}}(\boldsymbol{r}_1,\omega)\right|\cos\left[\theta_{\mathrm{mix}}(\boldsymbol{r}_1,\omega)+\varPhi(\omega)\right]-}\right.$$
$$\left.\frac{\left|A_{\mathrm{mix}}(\boldsymbol{r}_1,\omega)\right|\sin\left[\theta_{\mathrm{mix}}(\boldsymbol{r}_1,\omega)+\varPhi(\omega)\right]}{\left|A_{\mathrm{mix}}(\boldsymbol{r}_2,\omega)\right|\cos\left[\theta_{\mathrm{mix}}(\boldsymbol{r}_2,\omega)+\varPhi(\omega)\right]}\right\}+k\pi \tag{2-88}$$

其中，对于 $\varPhi(\omega)\in[-\pi,\pi]$，$k=0,1,2$。此结果对于求解式（2-84）的最值或者二阶导数都成立。对于式（2-88）分母不存在的特殊情况，相位差的最优解 $\varPhi(\omega)=\pm\pi/2$，对应于入射脉冲的左、右旋偏振。

正如前面提到的某一位置的局域线性通量的控制，两位置处的线性通量差也随射脉冲的两偏振分量的相位差变化，即相位差变化 π 时，线性通量差值从最大变化为最小或者从最小变化为最大。相位差的最优解并不依赖于脉冲强度 $I_1(\omega)$ 和 $I_2(\omega)$，但是振幅可以额外提高控制度。

振幅整形是通过高斯输入脉冲振幅 $\sqrt{I_{\mathrm{G}}(\omega)}$ 与衡量振幅系数 $\gamma_i(\omega)$ 的乘积来描述的，即

$$\sqrt{I_i(\omega)} = \gamma_i(\omega)\sqrt{I_{\mathrm{G}}(\omega)} \tag{2-89}$$

将式（2-89）代入式（2-84）中，得到每个频率下的二元二次方程为

$$f_{\mathrm{lin}}[\gamma_1(\omega),\gamma_2(\omega)] = I_{\mathrm{G}}(\omega)[C_1(\omega)\gamma_1^2(\omega)+C_2(\omega)\gamma_2^2(\omega)+$$
$$2C_{\mathrm{mix}}(\omega)\gamma_1(\omega)\gamma_2(\omega)] \tag{2-90}$$

式中：

$$C_{\mathrm{mix}}(\omega) = \left|A_{\mathrm{mix}}(\boldsymbol{r}_1,\omega)\right|\cos\left[\theta_{\mathrm{mix}}(\boldsymbol{r}_1,\omega)+\varPhi(\omega)\right]-$$
$$\left|A_{\mathrm{mix}}(\boldsymbol{r}_2,\omega)\right|\cos\left[\theta_{\mathrm{mix}}(\boldsymbol{r}_2,\omega)+\varPhi(\omega)\right] \tag{2-91}$$

衡量振幅系数对于两偏振分量都是未知的。在 $0\leqslant\gamma_1(\omega)\leqslant1$ 和

$0 \leqslant \gamma_2(\omega) \leqslant 1$ 条件限制下，式（2-90）的极值解为

$$[\gamma_1(\omega), \gamma_2(\omega)] \in \left\{ [0,0], \frac{[1, -C_{\text{mix}}(\omega) | C_2(\omega)], }{[-C_{\text{mix}}(\omega) | C_1(\omega),} 1], [1,1] \right\} \quad (2\text{-}92)$$

$C_1(\omega)$、$C_2(\omega)$ 及 $C_{\text{mix}}(\omega)$ 三者都影响其极值。选择合适的值得到激光偏振分量最优的振幅整形。

综上，选择外加激发脉冲合适的振幅及相位，不仅对单个位置的局域线性通量达到了优化控制，同时可以实现两个不同位置的线性通量的主动控制。

2.4　局域场的光电子辐射过程

光电子辐射过程主要基于电磁波的粒子特性。如果最终态位于真空能级之上，光电子就可以离开固体样品。光电子的最大动能为 $E_{\text{kin}} = \hbar\omega - \phi_{\text{m}}$，这里，$\hbar\omega$ 为激发光源的光子能量。金属的局域功函数 ϕ_{m} 定义为费米能级 E_F（固体中性基态的最高占据能级的电子能量）与局域真空能级之差 $E_{\text{vac}}(s)$。功函数或者态密度的局域变化可以引起光电子产额的局域变化，进而导致光电子辐射信号的变化。

如果激发光源的光子能量大于样品材料的功函数（$hw > \phi_{\text{m}}$），样品吸收一个光子，电子经单光子电子辐射（One Photon Photo Emission，1PPE）从样品表面逸出，如图 2-9（a）所示。费米黄金法则（Fermi's Golden Rule）给出了初始态 $|\psi_i\rangle$ 与最终态 $|\psi_f\rangle$ 之间的光电子产额 $Y_{\text{1PPE}}(\boldsymbol{r}, t)$ 和电场 $\boldsymbol{E}_{\text{int}}(\boldsymbol{r}, \omega)$ 的关系，即

$$Y_{\text{1PPE}}(\boldsymbol{r}, t) \propto \left| \langle \psi_i | \hat{O} | \psi_f \rangle \right|^2 = \gamma \left| \boldsymbol{p}_{if} \cdot \boldsymbol{E}_{\text{int}}(\boldsymbol{r}, t) \right|^2 \quad (2\text{-}93)$$

式中：$\hat{O}$ 为相互作用的耦合算符。从式（2-93）可以看出，单光子机制下的光辐射电子产额与局域电场的二次方成正比。

如果入射光的单光子能量小于样品的功函数且大于其功函数的一半，产生一个光电子就需要吸收两个光子才可以完成，即光电子逸出过程为双光子电子辐射（Two Photon Photo Emission，2PPE），其过程如图 2-9（b）所示。第一个光子激发电子从位于费米能级以下的占据初始态 $|\psi_i\rangle$ 跃迁到中间能级 $|\psi_{\text{int}}\rangle$。通过吸收第二个光子，电子被激发到位于真空能级之

上的最终态 $|\psi_f\rangle$。根据二阶微扰理论，光电子产额在偶极子近似下与局域近场的 4 次方成正比，即

$$Y_{2\mathrm{PPE}}(\boldsymbol{r},t) \propto \left| \boldsymbol{E}_{\mathrm{int}}(\boldsymbol{r},t) \right|^4 \tag{2-94}$$

如果激发源的单光子能量大于纳米结构功函数的 1/3 且小于其功函数的一半，电子从纳米结构表面逸出需要吸收 3 个光子，即光电子逸出过程为三光子电子辐射（Three Photon Photo Emission，3PPE），图 2-9（c）给出了过程示意图。费米能级附近的电子吸收第一个光子跃迁到第一中间能级 $|\psi_{1\mathrm{int}}\rangle$，紧接着吸收第二个光子跃迁到较高能级的第二中间能级 $|\psi_{2\mathrm{int}}\rangle$，最后通过吸收第三个光子，电子从金属表面逸出。同样地，根据微扰理论可以得到，光电子产额与局域近场的 6 次方有以下的关系，即

$$Y_{3\mathrm{PPE}}(\boldsymbol{r},t) \propto \iint \left| \boldsymbol{E}_{\mathrm{int}}(\boldsymbol{r},t) \right|^6 \mathrm{d}t \tag{2-95}$$

2PPE 以及 3PPE 是一个非线性过程，其光电子产额随表面等离激元引起局域近场电场强度的增加而急剧变大。对于非线性光电子辐射过程而言，光电子辐射信号的强弱 $I(P)$（光电子产额）与激光的功率大小 P 有以下的关系，即

$$I(P) = \sum_{n \geqslant n_0} c_n P^n \tag{2-96}$$

在微扰理论中，指数 n 对应在光电子辐射过程中激发一个光电子所吸收光子的数目，c_n 为材料特异性和横向变化常数，n_0 为电子从样品表面逸出克服功函数所需要的最小光子数目。

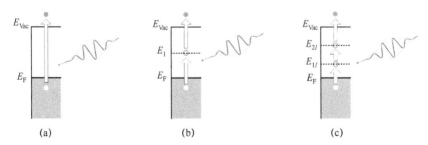

图 2-9　光电子辐射示意图

（a）单光子光电子辐射过程示意图；（b）双光子光电子辐射过程示意图；
（c）三光子光电子辐射示意图。

E_F—费米能级；E_{1I}—第一中间态；E_{2I}—第二中间态；E_{vac}—真空能级。

46

2.5 小结

本章对表面等离激元产生的原理做了简单介绍。首先在偶极子近似条件下，推导了纳米粒子 LSP 的极化率以及消光系数。其次，通过求解麦克斯韦方程组得到 SPP 的色散关系，从其色散关系可知，激发 SPP 需要引入一些特殊的纳米结构。此外，对 SPP 的传输距离以及在法向上衰减距离也给出了简单的计算。

基于以上的理论基础，结合干涉时间分辨技术，给出了纳米结构产生超快等离激元的动力学过程的理论计算。改变两束脉冲延时可以得到一系列不同强度值的等离激元场，从中可以得到等离激元振荡的相位变化。进一步给出金属纳米结构产生超快等离激元的控制理论方法。通过改变入射激光脉冲的偏振方向或者两相互垂直偏振分量的相位差，可以对纳米结构的等离激元场分布实现主动控制。此外，偏振分量的振幅大小变化可进一步使控制度达到最优。最后，介绍了单光子光电子辐射、双光子以及三光子光电子辐射的基本过程。

第 3 章　金蝶形及线形纳米结构中超快等离激元的动力学实验研究

　　贵金属纳米光学天线由于其所承载的局域表面等离激元共振具有在纳米尺度上汇聚和提高电磁场强度的能力（典型纳米天线如蝶形纳米结构），在许多领域有潜在的应用价值[90-95]。近来，在超快纳米光子学中，利用飞秒光脉冲激发纳米尺度光学天线所产生的超快等离激元又格外引人注目[96-97]。改变激发飞秒激光的脉冲可以对纳米结构产生的局域近场进行操控，即对近场的主动控制，为光与物质的非线性作用增添了新的物理内容。结合脉冲整形技术（对激发脉冲的振幅、相位控制）选择性激发纳米结构的等离激元本征模式，可以实现任意光学系统中近场的主动控制。特别是少周期飞秒激光的使用，为激发这些本征模式提供了很大的带宽，为超快纳米等离激元的研究提供了新机制[98-99]。尽管如此，在超快等离激元学中，由于涉及极小时空尺度，表征光学激发场与这些本征模式的复杂相互作用仍是比较困难。为了能够更好地理解超快光学激发场与本征模式的相互作用过程，需要对少周期激发脉冲与宽带等离激元纳米系统相互作用产生的纳米空间尺度、飞秒时间尺度上的等离激元动力学进行成像表征，并且测量该少周期等离激元动力学在纳米尺度上的变化规律。

　　实验中，配备飞秒激光激发源的 PEEM 是利用超快光脉冲激发（时间分辨率为飞秒级别）、电子成像（空间分辨率为纳米级别）的近场探测系统。PEEM 具有这一独特的优点，已成为对纳米结构产生的超快等离激元实时成像的有力工具[77-78]。进一步，PEEM 成像的电子可由具有一定相位延时（时间延时）完全相同的两束飞秒激光脉冲作用纳米结构且经非线性光电子辐射过程产生，使其具有干涉时间分辨能力[72-76]。在这项技术中，局域光电子产额主要是由两束飞秒激光脉冲诱导产生的局域近场的相干叠加决定。提取不同延时下的干涉时间分辨 PEEM 图像中的光电子产额可获得局域近场的非线性自相干即等离激元的动力学过程。超快等离激元的动力学表征为纳米结构近场控制的最优化奠定了基础。

本章首先利用干涉时间分辨 PEEM 技术对少周期 p 偏振飞秒光脉冲激发金蝶形纳米结构产生的超快等离激元的动力学过程进行了表征。其次，利用该技术分别研究了变化偏振角度的少周期飞秒光脉冲激发金蝶形纳米结构中超快等离激元的动力学过程。最后研究了 p 偏振飞秒光脉冲激发单个纳米线不同位置的超快动力学过程，并比较了不同尺寸的纳米线相对应位置的超快等离激元的动力学过程。

3.1　金蝶形纳米结构中超快等离激元的动力学研究

3.1.1　实验装置及实验原理描述

图 3-1 所示为不同偏振角度的飞秒光脉冲激发金蝶形纳米结构产生超快等离激元的动力学时间演化过程的实验研究装置。实验中使用的光辐射电子显微镜为德国 Focus GmbH 的产品。实验采用了两种激发源：一种是无偏振特性且截止能量为 4.9 eV 的汞灯，用来判定金蝶形纳米结构在样品上的位置；另一种是奥地利 Femtolaser 公司（型号为 Rainbow）生产的掺钛蓝宝石飞秒激光振荡器，输出中心波长为 800 nm 且波长范围为 600~950 nm（1.26~2.08 eV）、脉宽为 7 fs、重复频率为 75 MHz、最大输出功率为 500 mW，其激光输出光谱如图 3-2 所示。由于脉宽为 7 fs 的激光需要在光路中传播并经过透镜、PEEM 的玻璃窗口等介质后激发样品，因此，超短光脉冲会因这些介质提供的正色散而被展宽。为了补偿由此带来的光学色散，振荡器发出的激光脉冲首先进入色散补偿装置为脉冲提供负色散，随后进入马赫-曾德尔干涉仪形成两束时间延时可调节的光脉冲。这两束脉冲经过合束镜、半波片以及 200 mm 的聚焦透镜聚焦后进入 PEEM 真空靶室中。飞秒激光与样品垂直面成 65°来辐照金纳米结构样品，在样品表面的光斑尺寸大约为 100 μm×50 μm。飞秒激光偏振角度的变化通过旋转宽带半波片来实现。

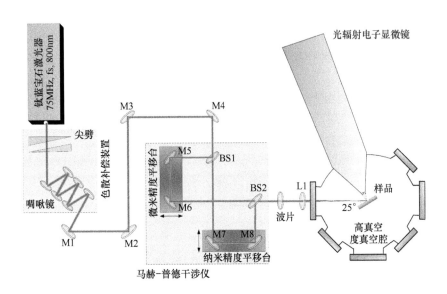

图 3-1 超短少周期飞秒激光作用蝶形纳米结构产生等离激元的

动力学时间演化实验装置

M1~M8—金属银镜；BS1，BS2—分别为激光分束镜与合束镜，L1—200 mm 的聚焦透镜。

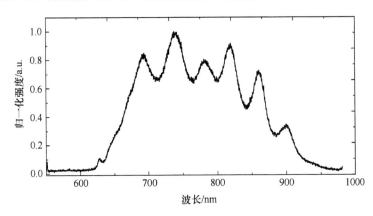

图 3-2 脉宽为 7fs 的掺钛蓝宝石飞秒激光振荡器的输出光谱

利用光辐射电子显微镜（IS PEEM，Focus GmbH）对蝶形纳米结构产生的等离激元共振进行成像研究。与 PEEM 相配真空靶室内部的气压

为 10^{-10} mbar（1mbar=100Pa），PEEM 的空间分辨率可以达到 30 nm。该 PEEM 的成像系统主要有两种：一种是电子经过微通道板放大后被 CCD 捕捉成像；另一种是延迟线探测器（Delay Line Detector）。本书中，采用了第一种成像系统。在 PEEM 图像中，每个像素点对应样品某一区域。因此，PEEM 图像中每个像素点的亮度值正比于对应样品区域的光电子产额大小。如果图像中某一区域的亮度值大于其他区域，则该区域的光电子产额高于其他区域。由前面的理论分析可以知道，等离激元局域近场可以进一步增强光电子产额。对于纳米结构而言，局域近场增强的区域对应高的光电子产额，在 PEEM 图像中表现为该区域亮度值远高于无近场增强区域的亮度。因此，主要提取图像的亮度值判定光电子产额的大小。

实验中使用干涉时间分辨技术与 PEEM 相结合的方法表征蝶形纳米结构中超快等离激元动力学时间演化过程。干涉时间分辨技术主要是在光路中引入马赫-曾德尔干涉仪，将单束光脉冲分成两束相对延时可调节的光脉冲对来实现。利用 PEEM 通过采集不同时间延时的两束脉冲作用纳米结构生成的 PEEM 图像完成对等离激元动力学的成像研究。测量一系列干涉时间分辨 PEEM 图像中某区域光电子产额的大小，可以得到该区域等离激元的时间演化曲线。两束脉冲相对延时的变化主要靠改变压电陶瓷平移台的位移，即通过精确控制干涉仪中两臂长度差来完成。压电陶瓷平移台具有双向移动、可重复性的优点，其空间分辨率为 25 nm，对应激发波长为 800nm 的最小时间分辨率为 160 as（阿秒）。平移台的稳定性会影响两束脉冲时间延时的精准度，进而影响等离激元的动力学过程。在实验过程中，环境因素，如外界环境噪声、室内温度的变化以及大气的流动等会使干涉仪发生微小振动，进而影响两束光脉冲的延时精度。通过在光路上方放置玻璃罩减少以上因素对实验造成的影响。

本实验中使用的样品为电子束刻蚀（Electron Beam Lithography，EBL）制备的金蝶形纳米结构。蝶形纳米结构是纳米天线中较为典型的一种，该纳米结构由两个大小相同的等边三角形构成，三角形边长为 357 nm，两三角形的间距为 105 nm。蝶形纳米结构的厚度为 40 nm，制备在 20 nm 厚的铟锡氧化物（ITO）衬底上，整体结构形成在 1 mm 厚的玻璃基板上。图3-3 给出了纳米结构的 SEM 图。由于单个蝶形纳米结构尺寸远小于激光光斑尺寸，所以激光可以均匀地辐照在蝶形纳米结构的表面。

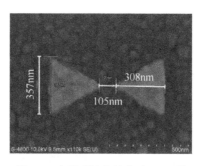

图 3-3　金蝶形纳米结构的 SEM 图

金属纳米结构中等离激元的动力学时间演化过程与激发激光的脉宽有着密切的关系，脉宽越窄得到等离激元的时间演化曲线所包含的信息越丰富。如果飞秒激光的脉宽小于 100 fs，光学器件等介质引起的色散可以使其脉宽大大展宽。通过选择合适的光学元件以及色散补偿可使激光入射到纳米结构表面达到最小的脉宽[100-101]。使用临界脉宽 T_c 评价介质长度对脉宽的影响[102]为

$$T_c = 2\sqrt{\ln 2 \times |\varphi''|} \qquad (3-1)$$

式中：φ'' 为介质的二阶色散。激光经过这样的介质以后，出射脉宽 $\tau_{p,\text{out}}$ 为

$$\tau_{p,\text{out}} = \left[1 + \left(T_c \mid \tau_p \right)^4 \right]^{1/2} \cdot \tau_p \qquad (3-2)$$

式中：τ_p 为入射脉宽。表 3-1 给出玻璃和空气的群延迟色散与临界脉宽。

表 3-1　玻璃和空气在波长 800 nm 处的群延迟色散和临界脉宽

长度/mm	玻璃		空气	
	群延迟色散/fs²	临界脉宽/fs	群延迟色散/fs²	临界脉宽/fs
1	45	11	0.015	0.2

本实验中，选取光学元件为银反射镜、200 μm 厚的分束镜与合束镜以及超薄宽带半波片最大限度地减少激光在光路中的色散。此外，超短脉冲经过空气以及真空玻璃窗口，脉宽同样会被展宽。光学器件以及真

空玻璃的总厚度约为 4 mm，光路的长度约为 4 m。根据表 3-1 可以计算得到，中心波长为 800 nm 的激光到达样品引起总的群延迟色散为 240 fs^2。利用啁啾镜可以补偿色散，而啁啾镜一般是配对使用的，目的是为了消除群延迟色散的振荡。飞秒激光经过一次啁啾镜对的群延迟色散是 $-50\ fs^2$ 左右，因此需要 5 次反射才能补偿空气及玻璃等带来的色散。为此，采用尖劈对补偿啁啾镜额外提供的负色散。本实验中，采用啁啾镜对与尖劈对相搭配预补偿方案应对激光经过介质引起的色散，使飞秒激光到达样品表面的脉宽达到最小。

PEEM 图像的对比度主要是受光电子产额的空间变化影响。金纳米结构的功函数一般是 4.7 eV[103]，实验中所使用的汞灯的截止能量为 4.9 eV。由于紫外光单光子的能量大于金纳米结构的功函数，电子从纳米结构表面的逸出过程为单光子光电子辐射过程。这样，纳米结构表面均会有大量的光电子逸出，被 CCD 捕捉成像。在实验中可以用其对纳米结构进行定位。当激发源为 800 nm 的飞秒激光时，激光的单光子能量为 1.55 eV，小于金纳米结构功函数的一半，电子至少需要吸收 3 个光子才可以从纳米结构表面逸出。由于光电子辐射是一个非线性过程，PEEM 可以借助多光子过程辐射出的电子对等离激元进行成像。

3.1.2　两干涉飞秒脉冲延时零点的调节

研究蝶形纳米结构中超快等离激元的动力学过程之前，实验中应首先找到两束脉冲的相对延时零点。通常有两种方法判断两束脉冲在时间上的重合。第一种方法是利用合成光束的光谱形状及强度进行判定。首先让两束具有相同偏振态的激光脉冲经合束镜进入光谱仪（USB 4000, Ocean Optics）。然后调节压电平移台改变两束脉冲的相对光程，同时根据观察到的光谱强度变化以及光谱形状找到两束偏振光的相对延时零点。两束偏振态相同的激光在时空域上发生干涉，当这两束脉冲在时空上完全重合时，可将其看作单束能量较强的激光脉冲，此时叠加脉冲的光谱形状与单束脉冲的光谱形状应非常接近，平移台所记录的位置则认为是两束脉冲的延时零点，图 3-4（b）所示为其光谱图。而图 3-4（a）与图 3-4（c）分别为两束脉冲未达到相对延时零点与超过相对延时零点的干涉光谱图。从图中可以看出，相对延时为零两束脉冲合成的光谱图与图 3-2 所示单束激光脉冲的光谱形状非常相似，而其他延时条件下对应的光谱与之差别较大。另一种方法是利用实验中得到 PEEM 图像所反映出的光电子产额变化进行判定。首先使两束 p 偏振光经合束镜、聚焦透镜进入 PEEM 真空靶室激发样品。在 MCP 电压不变的情况下，然后调节压电平移台观测并记录 PEEM 图像中纳米结构光电子辐射的强度大小变化（MCP 电压变化则 PEEM 图像中与光电子辐射强度相关的热点亮度相应的变化）。由前面的理论可知，$I \propto P^n$，即光电子辐射信号的强度随着激光功率增加而显著增加。当两束脉冲完全重合时，其激光功率最大。在保持 PEEM 图像亮度未饱和情况下，图像中光电子辐射的强度达到最大时，此时两束脉冲的相对延时为零。

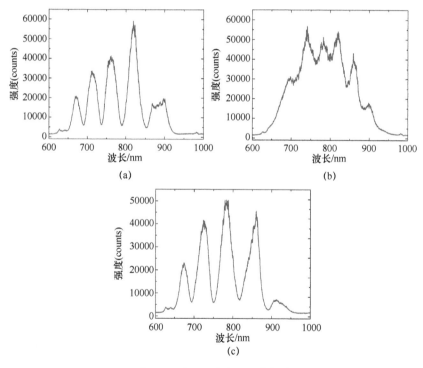

图 3-4 两束 7fs 脉冲的干涉光谱

（a）两束脉冲未达到相对延时零点时的光谱图；（b）两束脉冲达到相对延时零点时的光谱图；

（c）两束脉冲超过相对延时零点时的光谱图。

3.1.3 多光子光电子辐射过程的阶数确定

实验中首先一项重要工作是判断 7 fs 光脉冲激发金蝶形纳米结构的多光子光电子辐射过程的阶数，这主要是通过研究光辐射电子产额与激光功率的关系而获得。从第 2 章的理论可知，光电子产额 Y 正比于激光功率 P^n，n 表示电子从金属表面逸出所需吸收光子的数目，即光电子辐射过程的阶数。本实验所使用的中心波长为 800 nm 的飞秒激光对应单光子能量为 1.55 eV，远小于典型金纳米结构的功函数。由激光对应的光子能量以及纳米结构的功函数可初步判定其光电子辐射过程为 3 光子过程。即电子经过高阶非线性光电子辐射过程（至少需要吸收 3 个光子）才可以从金蝶形纳米结构表面逸出。图 3-5 给出了测量的光电子产额与激光功率之间的关系，线性拟合得到直线的斜率 n=2.8 与 n=3.1，这表明平面非纳米结构的金区域以及金蝶形纳米结构中电子的逸出过程都为三光子光电子辐射过程。

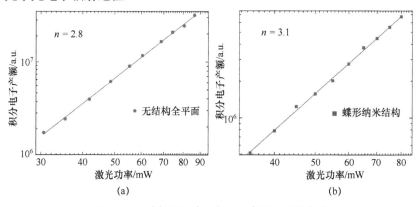

图 3-5 双对数坐标系下光电子产额与功率关系

（a）平面非纳米结构金区域光电子产额与激光功率之间的关系；（b）蝶形纳米结构光电子产额与激光功率之间的关系（线性拟合直线的斜率对应电子从样品表面逸出所需要吸收的光子数目）。

由上面的实验结果得到，金蝶形纳米结构中电子的逸出过程为三光子光电子辐射过程。另外，在探测其超快等离激元动力学过程之前，得到激光脉冲的 3 阶自相关曲线是非常有必要的。通过对比等离激元的动力学时间演化曲线与激光脉冲 3 阶自相关曲线，就可得到等离激元振荡的相位信息。激光脉冲的理想 3 阶自相关是通过测量样品中的非共振区域的光电子产额来实现的，其响应是一个瞬态的过程[104]。而平面非纳米

结构金区域无等离激元产生，其光电子辐射过程近似瞬态响应，恰恰能够满足上面的条件。实验中，主要通过测量不同延时的两束脉冲作用平面非纳米结构的金区域产生的光电子产额，进而得到激光照射纳米结构表面的 3 阶自相关曲线，其结果如图 3-6 所示。当两束脉冲的延时为零时，纳米结构的光电子产额 $Y_{\tau=0} \sim \left| \boldsymbol{E}_{\text{pump}} + \boldsymbol{E}_{\text{probe}} \right|^{2n}$；两束脉冲相互不叠加完全分开时，纳米结构的光电子产额 $Y_{\tau=t} \sim \left| \boldsymbol{E}_{\text{pump}} \right|^{2n} + \left| \boldsymbol{E}_{\text{probe}} \right|^{2n}$。其中，$n$ 为光电子辐射过程的阶数。在实验中，泵浦光与探测光的强度相等，即 $\boldsymbol{E}_{\text{pump}} = \boldsymbol{E}_{\text{probe}}$，有 $Y_{\tau=0} : Y_{\tau=t} = 2^{2n-1} : 1$。从图 3-6 中的插图可以得到，光电子辐射强度的峰值与背景比为 32:1。这一实验结果进一步说明平面非纳米结构金区域的光电子从其表面逸出需要吸收 3 个光子。

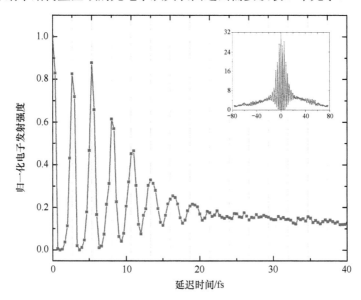

图 3-6　平面非纳米结构金区域的归一化光电子辐射强度随脉冲延时的变化曲线

（插图中光电子辐射强度最大值归一化为 32）

3.1.4　不同激发源作用蝶形纳米结构的 PEEM 图像

图 3-7（a）是使用汞灯照射金蝶形纳米结构的单光子 PEEM 图。从图中可以很明显地观察到两个亮度较均匀的三角形出现在视场的中央，

对应于蝶形纳米结构中的两个等边三角形，图像中其他暗的区域则对应于样品中的 ITO 衬底。由此可见，样品中金纳米结构的光电子产额要远远高于 ITO，从而在金与 ITO 衬底之间产生了比较高的对比度。因此，在汞灯的照射下，可以很容易地分辨出样品上的金纳米结构。图 3-7（b）和图 3-7 （c）分别为使用 p 偏振、s 偏振飞秒光脉冲激发纳米结构的三光子 PEEM 图。由于汞灯以及飞秒激光在样品表面的光斑尺寸都要远远大于样品中单个蝶形纳米结构的尺寸，这样保持了两个激发源都可以辐照到样品同一蝶形纳米结构的表面。实验过程中，未对成像视场的大小进行改变，保持三光子 PEEM 图与单光子 PEEM 图的视场相同。首先利用汞灯 PEEM 图对纳米结构的轮廓进行标记，如图 3-7 中虚线框所示。当使用飞秒光脉冲激发样品时，为了能够准确地判定等离激元局域近场的位置以及强度的变化情况，关闭汞灯同时保持样品位置不发生改变。从图中可以看到，当使用飞秒激光作为激发源时，蝶形纳米结构表面亮度不再均匀分布，而是以高局域亮点（称为热点）的形式出现在蝶形三角形的边缘位置。

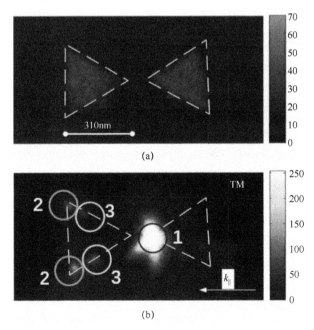

(a)

(b)

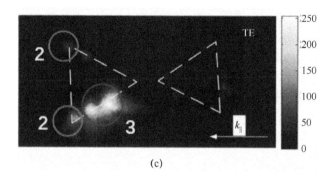

(c)

图 3-7　不同激发源作用金蝶形纳米结构的 PEEM 图

（a）汞灯激发下的单光子 PEEM 图；（b）飞秒光脉冲激发样品的三光子
PEEM 图；（c）p 偏振飞秒光脉冲激发样品的三光子 PEEM 图。
（使用激光作为激发源时，水平入射分量从右指向左）

从图 3-7（b）可以看出，当使用 p 偏振（TM）的飞秒光脉冲激发
纳米结构时，最强的光电子辐射主要集中在纳米结构右三角的左尖端处，
称为右三角的顶角并用 1 号圆标记。同时，两个比较弱的光电子辐射聚
集在左三角的两外角，称为左三角的两个底角，并用 2 号圆标记。此外，
还可以观察到纳米三角上下两腰分别有一个非常弱的热点，用 3 号圆
标记。之所以能观察到这些热点，主要是由于该区域局域近场的增强，
即发生等离激元增强效应，大大提高其光电子产额。注意到，使用飞秒
激光斜入射激发蝶形纳米结构引起的热点具有一些特征：热点呈非对称
分布；左三角的热点数目多于右三角，同时右三角热点的强度大于左三
角的任意热点的强度。引起这种现象的主要原因是激光斜入射导致的相
位延迟效应（Retardation Effect）[105]。

旋转半波片使飞秒激光从 p 偏振改变到 s 偏振，然后激发金纳米结
构，成像结果如图 3-7（c）所示。从图中可知，s 偏振的飞秒激光照射
下的三光子 PEEM 图相对于 p 偏振态下的三光子 PEEM 图有着很大的区
别。在右三角的左尖端处观察不到任何光电子辐射，而且左三角的两底
角热点的强度降低。此外，还观察到左三角的下腰出现的热点强度增加
而且区域也变大。通过比较图 3-7（b）与图 3-7（c）可知，飞秒光脉冲

激发金蝶形纳米结构产生的等离激元近场的强度以及位置分布与其激发激光的偏振态有着紧密联系。

值得注意的是，图 3-7 所示的使用超短光脉冲激发金蝶形纳米结构时，除了顶角以及底角出现的热点外，还有一些热点分布在左三角的两腰位置，即图 3-7（b）和图 3-7（c）中 3 号圆标记的区域。出现这些热点最主要的原因可能为：采用 7 fs 激发光源，其输出光谱较宽，这样就有可能使蝶形纳米结构产生高阶模式的等离激元激发[106]。另一个可能的解释为纳米结构表面的边缘处有一些随机结构。这是由于在样品生产的过程中，一些缺陷不可避免地出现在样品的表面边缘处。由于使用的是 7 fs 激发光源作用样品，其光谱较宽，这些缺陷结构局域表面等离激元共振波长处于激发激光的波长范围内，发生等离激元共振而获得局域近场增强。

3.1.5 p 偏振飞秒激光作用蝶形纳米结构超快动力学过程的研究

接下来，对 p 偏振的飞秒光脉冲激发蝶形纳米结构产生的超快等离激元的动力学过程进行研究。实验中使用干涉时间分辨三光子光电子辐射 PEEM，研究对象主要为观察到的两个典型热点，即右纳米三角的顶角位置（ROI 1）以及左纳米三角的下底角位置（ROI 2）。图 3-8 给出了一系列不同延时下的干涉时间分辨 PEEM 图像。从图中可以明显看出，当两束脉冲的延时小于 32 fs 时，蝶形纳米结构中 ROI 1 和 ROI 2 两位置热点的亮度值随着延时的增加呈亮暗周期性变化。此外，当延时大于 33 fs（如图 3-8 中的最后一组 PEEM 图像），蝶形纳米结构两位置处热点的亮度变得非常暗，并且随延时时间的增加几乎观察不到亮暗周期性变化现象。随着两束飞秒激光脉冲时间延时的扫描，热点亮度变化所反映出的光电子辐射强弱是由激光场诱导产生等离激元共振相关的局域近场所支配，并非外加激光场。例如，当两束脉冲的相对延时从 14.68 fs 变化为 19.43 fs 时，从得到的 PEEM 图像，注意到两位置的热点亮度变化不一致，即 ROI 1 位置处变为亮点而 ROI 2 的位置处变为暗点。亮暗变化不一致又进一步说明两位置等离激元局域近场振荡的特性。因此，干涉时间分辨 PEEM 图像中光电子辐射产额随时间变化关系包含外加激光场对等离激元局域近场的响应信息。

为了进一步定量地阐明两个位置等离激元的时间演化过程，图 3-9 给出了其归一化三光子光电子辐射强度与两束脉冲延时的变化关系。从曲线中可知，当两束飞秒激光的延时小于 13 fs 时，两个位置光电子辐射的相对相位为零。随着两束脉冲的延时增加，当延时在 13 fs≤τ_d≤32 fs 范围内时，可以观察到两个区域的时间演化曲线的相位响应不再一致，它们之间存在一定的差值，且随着延时的增加相位差从零逐渐增加到 π。当两束脉冲的延时继续增加大于 32 fs 时，由于两个区域的光电子辐射强度非常弱，时间演化曲线的相位变化很难分辨。两区域的时间演化曲线反映了对应位置的等离激元相位随时间的变化关系，对蝶形纳米结构中的 ROI 1 和 ROI 2 两位置的等离激元时间演化做以下的解释。

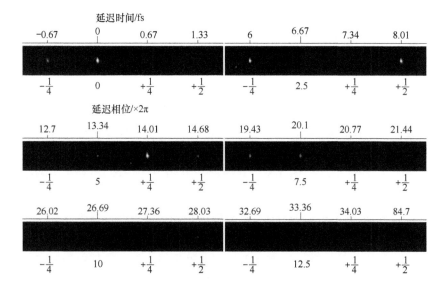

图 3-8　从一系列干涉时间分辨三光子光电子辐射 PEEM 图像抽取不同延时
下的图像泵浦光与探测光的时间延时（−0.67～34.7 fs）

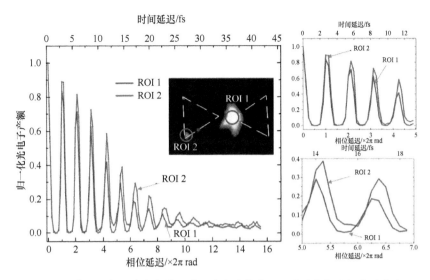

图 3-9　在 p 偏振飞秒激光作用蝶形纳米结构中两位置的光电子辐射强度随
两束脉冲时间延时的变化关系

（右两图分别为相应延时的放大图）

如图 3-10 所示，当两束脉冲的延时非常小时，泵浦光与探测光两束
脉冲存在较强的干涉，支配着这两位置的等离激元振荡，且振荡频率与
激发光的频率相同。随着两束脉冲延时的增加，泵浦光与探测光分开，
被激发的等离激元仍可以保持泵浦光与探测光的相位，这样泵浦光激发
的等离激元与探测光激发的等离激元存在干涉，其振荡频率同样为外场
的频率。随着两束脉冲的延时进一步增加，两位置的等离激元仍旧可以
继续振荡，但此时振荡频率是等离激元自身的本征振荡频率。对于 p 偏
振飞秒光脉冲激发蝶形纳米结构而言，由于 ROI 1 和 ROI 2 两位置的等
离激元振荡频率不同，在时间演化曲线中存在着一定的相位差。本实验
中，激发源以 65°辐照样品，ROI 1 和 ROI 2 两位置接收激发脉冲的波前
也具有一定的相位差，即相位延迟效应，同样对时间演化曲线存在的相
位差有微小的贡献。当两束脉冲的延时大于 32 fs 时，泵浦光与探测光的
脉冲彻底分开，单个脉冲的强度相比于相长干涉脉冲的强度大大减小，
泵浦光与探测光各自产生的热点强度非常弱，所以在时间演化曲线中，
几乎观察不到相位随时间延时的变化关系。

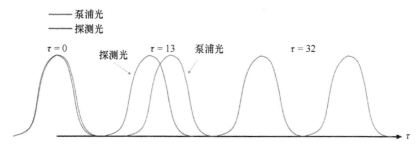

图 3-10　不同时延下泵浦光与探测光脉冲示意图

干涉时间分辨 PEEM 具有实时、高分辨成像这一优点，可以实时分辨局域近场非常小的空间横向变化。在此基础上，超快干涉时间分辨技术与非线性多光子 PEEM 的结合，可以进一步实现在极小时空尺度上对蝶形纳米结构的等离激元的超快时间演化过程进行成像。

3.1.6　入射飞秒激光的偏振方向对蝶形纳米结构超快动力学过程的影响研究

在上面实验的基础上，利用干涉时间分辨 PEEM 技术对除 p 偏振的其他偏振方向的飞秒光脉冲激发蝶形纳米结构中典型位置的等离激元的动力学过程作进一步的成像研究。图 3-11 给出了感兴趣的 4 个位置，右纳米三角的顶角、左纳米三角的两底角以及下腰位置，分别称为 ROI 1、ROI 2、ROI 3 和 ROI 4。

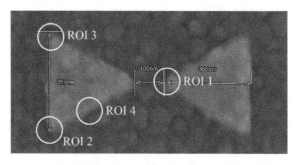

图 3-11　蝶形纳米结构中感兴趣的 4 个位置示意图

首先对 4 个不同偏振方向（偏振角度分别为 0°、15°、30°、45°）的飞秒光脉冲激发蝶形纳米结构中 ROI 1 位置的等离激元动力学过程进行成像研究。从前面 p 偏振飞秒光脉冲激发蝶形纳米结构中等离激元的动力学过程的实验结果可以得到，在实验条件下，泵浦光与探测光的干涉支配等离激元振荡至少可以持续 3 个光学周期，即 8.01 fs（对于激发波长为 800 nm 的光脉冲，其光学周期为 2.7 fs）。在这期间，等离激元与激发光脉冲始终共相位。为了能够清晰地观察不同偏振方向飞秒光脉冲作用纳米结构中等离激元的相位信息，提取泵浦光与探测光的延时从 10.67 fs（第四个光学周期）开始的干涉时间分辨 PEEM 图像，时间延时的步长为 0.67 fs。图 3-12 给出了其干涉时间分辨 PEEM 图像。从图中可以清晰地看到，4 个偏振方向飞秒光脉冲激发下 ROI 1 的热点随着时间延时的增加呈亮暗周期性变化。特别地，可以清晰地观察到，在 0°偏振角度的条件下，当两脉冲的延时从 16.7 fs 变化到 17.37 fs 时，热点的亮度增加；而 30°偏振角度下，此延时过程中热点的强度明显降低，即两个不同偏振角度激光激发下，热点强度变化规律相反。此外还注意到，当两脉冲的延时从 18.71 fs 增加到 19.38 fs 时，0°偏振态下的热点变亮，45°偏振角度下的热点变暗，两个偏振角度下热点的振荡同样存在相位差。在实验过程中，只是改变了外场的偏振方向，其激光本身的振荡周期并未发生改变。由此可见，蝶形纳米结构等离激元的动力学过程与外场的偏振方向有着密切的联系。

为了定量地阐明 ROI 1 位置在不同偏振方向激光作用产生等离激元振荡的时间演化过程，图 3-13（a）给出了 0°和 45°两种偏振方向下光电子辐射强度分别与该方向上两束光之间延时的变化关系。从时间演化曲线可以得到，不同偏振方向光的激发下，等离激元振荡从共相位逐渐完全失相。共相位主要是由于等离激元在前 3 个周期振荡是由受外激光场驱动引起。完全失相是因为不同偏振方向激光作用纳米结构产生等离激元的自身振荡频率不相同。纳米结构在 45°偏振角度激发下，ROI 1 位置的等离激元振荡频率变快。此外，还测量了不同偏振方向入射光激发蝶形纳米结构中 ROI 2 位置处的等离激元的时间演化过程。图 3-13 （b）给出了该位置在不同偏振方向入射光激发下的光电子辐射强度与延时的关系，可以得到与图 3-13（a）类似的规律。对于蝶形纳米结构表面的某一位置而言，如果入射外场的偏振方向发生变化，则该位置的等离激元振荡频率相应改变。特别地，当入射外场的偏振方向与 p 偏振之间的最小夹角变大时，则相应的等离激元的振荡频率加快。由此可见，激发光的偏振方向对于蝶形纳米结构表面等离激元的动力学时间演化有着明显的影响。

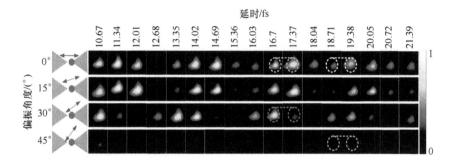

图 3-12 不同偏振角度飞秒光脉冲激发下的一系列 ROI 1

的干涉时间分辨 PEEM 图像

（图像对应的两束光延时为 10.67~21.39 fs）

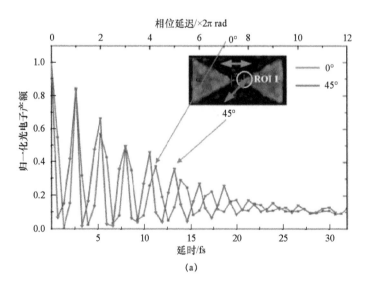

(a)

64

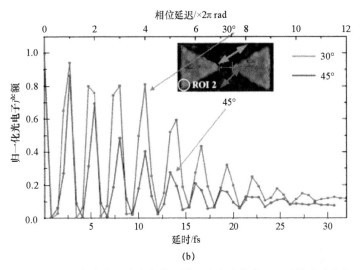

图 3-13 不同偏振角度飞秒激光作用蝶形纳米结构表面不同位置的光电子
产额随泵浦光与探测光延时的变化曲线

（箭头代表激光的偏振角度）

　　另外，对不同入射激光偏振方向下蝶形结构中 ROI 1 和 ROI 2 两位置所形成等离激元的动力学过程进行了研究，其结果如图 3-14 所示。图 3-14（a）所示为偏振角度为 30°的飞秒激光作用下的等离激元时间演化曲线，图 3-14（b）所示为偏振角度为 45°的飞秒激光作用下的等离激元时间演化曲线。从图 3-9 所示的实验结果可以看到，纳米结构在 p 偏振飞秒激光作用下，由于两位置等离激元的本征共振频率不同，其时间演化曲线存在相位差。如图 3-14（a）所示，当激光的偏振角度为 30°时，可以观察到两位置等离激元的时间演化曲线几乎完全重合。在任意时间延时下，等离激元振荡始终共相位，表明两位置在 30°偏振角度的入射光激发下的等离激元的共振频率相等。当激光偏振角度为 45°时，其结果如图 3-14（b）所示。从图 3-14（b）所示的曲线中观察到，等离激元时间演化曲线的峰值始终共相位，曲线中每个周期的上升沿并不重合，并随着两脉冲延时的增加，其曲线上沿的差值越来越大，这表明两位置的等离激元共振频率不相同。而时间演化曲线未出现明显的相位差最可能的原因是两位置等离激元的共振频率的差值非常小，实验中所采取的干涉时间分辨 PEEM 技术的分辨率（泵浦光与探测光的延时步长为 670

as）未达到本实验的需求，峰值的相位差不能分辨出来。以上实验结果也进一步表明等离激元的动力学过程对于外场偏振角度的变化较敏感。

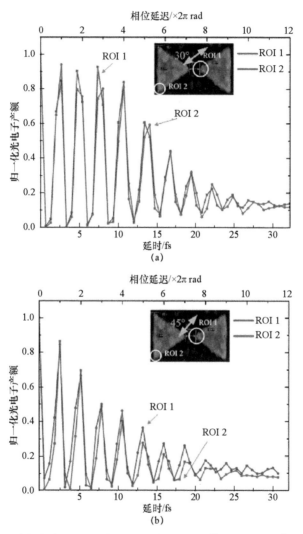

图 3-14　不同偏振激发下 ROI 1 与 ROI 2 两位置处的等离激元动力学时间演化曲线

（a）偏振角度为 30°时蝶形纳米结构 ROI 1 与 ROI 2 两位置处的等离激元动力学时间演化曲线；
（b）偏振角度为 45°时蝶形纳米结构 ROI 1 与 ROI 2 两位置处的等离激元动力学时间演化曲线
（箭头为激光的偏振方向）。

最后，对蝶形纳米结构单个纳米三角的两位置（ROI 3 与 ROI 4）的等离激元动力学过程进行表征，激光偏振角度为 120°。图 3-15 给出了其归一化光电子辐射强度与两脉冲的延时变化曲线。从图中可以得到，两位置的等离激元时间演化曲线从第四个振荡周期开始出现相位差，随着两脉冲延时的增加，相位差相应增加，在第九个振荡周期时，相位差达到最大。这表明纳米结构在偏振角度 120°激光激发下，同一个三角的两位置等离激元的本征共振频率不相同。

综上所述，对蝶形纳米结构不同位置在不同偏振方向入射激光作用下产生的等离激元的动力学过程进行了研究。从实验结果可知，等离激元的动力学过程对于入射激光的偏振方向变化较为敏感。不同偏振方向的光激发蝶形纳米结构产生的等离激元振荡频率不同。对于某一位置产生的等离激元而言，当入射激光偏振方向与 p 偏振之间的最小夹角变大时，其等离激元振荡频率加快。

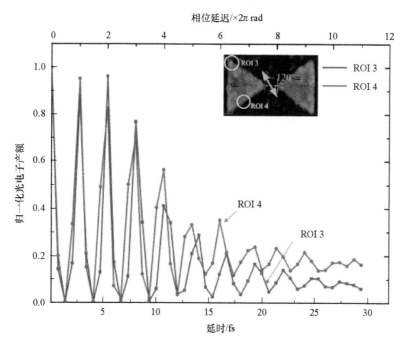

图 3-15 激光偏振角度为 120°时蝶形纳米结构中 ROI 3 与 ROI 4 两位置等离激元的时间演化曲线

3.2 纳米线结构中超快等离激元的动力学研究

3.2.1 实验装置

使用干涉时间分辨 PEEM 技术对纳米线结构中超快等离激元的动力学过程进行了研究。采用的实验装置与研究蝶形纳米结构中等离激元的动力学过程所使用的相同，如图 3-1 所示。实验只是将样品变为纳米线，其他条件不变。图 3-16 给出了样品的示意图，纳米线的材质为金。纳米线结构采用电子束刻蚀技术制作而成，其厚度 H 为 40 nm，以 20 nm 厚的 ITO 为衬底，整体制备在 1 mm 厚的玻璃基板上。

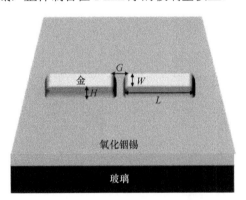

图 3-16　金纳米线样品的示意图

（样品是由两个长度 L=1 μm、间距 G=100 nm 的纳米线组成，厚度 H=40 nm。
宽度 W 为 200 nm、300 nm、400 nm、500 nm）

3.2.2 不同激发源作用纳米线的 PEEM 图像

在表征纳米线的等离激元的动力学过程之前，首先使用汞灯照明对其进行了 PEEM 成像。图 3-17（a）所示为汞灯激发金纳米线的单光子 PEEM 图像。从图中可以很清晰地观察到 4 对亮度较为均匀的纳米线，而图像中亮线以外的暗区域则为 ITO 衬底。由于金的光电子产额要远远高于 ITO，因此，在单光子 PEEM 图像中获得了较好的对比度，在汞灯的照射下可以很容易地分辨出金纳米线结构。此外，在纳米线的上下边缘区域还可以发现一些随机缺陷结构。图 3-17（b）和图 3-17（c）分别为 p 与 s 偏振的飞秒光脉冲激发纳米线的多光子 PEEM 图，多光子 PEEM 图与单光子 PEEM 图的视场大小相同。当使用飞秒光脉冲激发纳米线时，关闭汞灯，这样能够清晰地观察到飞秒光脉冲激发纳米线时形成热点的区域以及强度大小的变化情况。从多光子 PEEM 图中可以看到，超快光照射纳米结构时，纳米线表面亮度不再均匀分布，而是以热点的形式分布在纳米线的边缘。正是由于飞秒激光作用纳米线产生的表面等离激元，使其具有非常高的光电子产额，因而在 PEEM 图像中可以观察到热点的分布。

对比图 3-17（b）与图 3-17（c），可清楚地看出，p 与 s 偏振的飞秒光脉冲激发样品的多光子 PEEM 图存在较大的差异。从图 3-17（b）中可以得到，当使用 p 偏振的光脉冲作用样品时，热点主要离散分布在每个纳米线的上、下两侧边缘区域。随着纳米线宽度的增加，每个纳米线左侧边缘区域的热点数目以及强度明显增加。而 4 种宽度下的纳米线的右侧边缘几乎没有热点分布。左、右两侧边缘的热点强度呈非对称分布，且热点主要分布在远离激光入射方向的一侧，这种现象与前面 3.2 节蝶形纳米结构的热点分布相类似。产生这种现象的主要原因是使用飞秒激光斜入射激发纳米线引起相位延迟效应所致。结合单光子 PEEM 图，纳米线存在随机的缺陷进一步提高了纳米线上下两侧的光电子辐射强度。产生以上可能原因为，p 偏振的飞秒光脉冲激发纳米线产生了传输的表面等离激元，传输等离激元进一步诱导纳米线上、下两侧存在的随机缺陷结构产生局域近场增强。

在保持其他参数不改变的情况下，使用 s 偏振的飞秒激光作用纳米结构，其结果如图 3-17（c）所示。由于 s 偏振光激发纳米线的光电子产额特别低，为了清晰地观察到热点的分布，提高了图像的对比度。从图可以看到，s 偏振态下的多光子 PEEM 图与 p 偏振态下的多光子 PEEM 图有着很大的区别。在纳米线上、下两侧边缘几乎观察不到任何的光电子辐射。热点主要集中在纳米线左、右两侧区域且强度也降低许多。此外，纳米线宽度的变化对于热点的区域以及强度变化影响不明显。通过比较图 3-17（b）与图 3-17（c）可知，飞秒光脉冲激发纳米线结构产生热点的强度以及区域分布与其激发飞秒光的偏振态有着紧密联系。

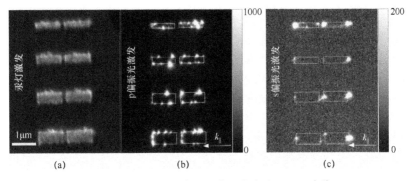

图 3-17　3 种不同激发源激发纳米线的 PEEM 成像

（a）使用汞灯激发样品的单光子 PEEM 图；（b）p 偏振飞秒光脉冲激发纳米线的多光子 PEEM 图；

（c）s 偏振飞秒光脉冲激发纳米线的多光子 PEEM 图（纳米线的宽度从上到下依次为 200 nm、

300 nm、400 nm、500 nm，激光入射的水平分量从右指向左）。

3.2.3　纳米线结构中超快等离激元的动力学过程研究

进一步使用干涉时间分辨 PEEM 技术对飞秒光脉冲激发纳米线结构形成的超快等离激元时间演化动力学过程进行研究。通过改变两束 p 偏振飞秒激光脉冲的延时，记录一系列延时为 0～32 fs、延时 670 as 的 PEEM 图像。图 3-18 给出了从所记录的图像中抽取纳米线宽度为 200 nm 的干涉时间分辨 PEEM 图像。选取纳米线表面两个热点进行研究，分别称为 ROI 1 与 ROI 2。从图中可以看出，当两脉冲时间延迟从 12.69 fs 增加到 14.03 fs 时，纳米线两个热点的强度发生了翻转。纳米线 ROI 1 位置处的热点的亮度随着两脉冲延迟的递增从亮变暗，而 ROI 2 位置处热点的亮度从暗变到亮。从图 3-18 所示的 PEEM 图像可初步判断出，随着两束脉冲时间延时的变化，纳米线 ROI 1 和 ROI 2 两位置的等离激元振荡出现了失相的现象。

进一步地，对金纳米线 ROI 1 与 ROI 2 两位置的等离激元的时间演化过程进行定量分析。图 3-19 给出了其归一化的光电子辐射强度与两脉冲时间延时的变化关系。从曲线中可很明显地看出，纳米线 ROI 2 处的等离激元时间演化曲线与纳米线 ROI 1 相比很快就有一个相位移动。对比蝶形纳米结构等离激元的时间演化曲线（图 3-9 的结果，由于受泵浦光与探测光的干涉影响，其等离激元与外场在前 3 个光学周期内始终共相位）。纳米线表面两位置的等离激元时间演化曲线从第二个光学周期开始，已经出现相位差。纳米线两位置的等离激元动力学过程与蝶形纳米结构的等离激元动力学的潜在物理机制可能有所不同。

图 3-18　泵浦光与探测光不同时间延时下宽度为 200 nm 纳米线的
干涉时间分辨 PEEM 图像

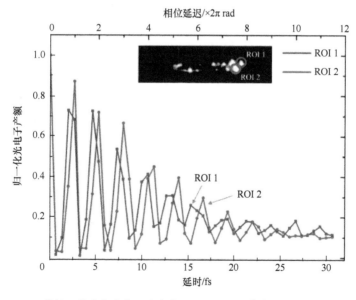

图 3-19　p 偏振飞秒激光激发下纳米线不同两位置处等离激元的时间演化曲线

对于纳米线而言，泵浦光与探测光总的入射电场为 E_0，在纳米线 ROI 1 位置激发的等离激元场为 E_1，E_0 与 E_1 的相位分别以不同的相速度

c、v 沿着纳米线传输，这样 E_0 在纳米线 ROI 2 位置产生的电场为 E_0'，E_1 在 ROI 2 处产生的电场为 E_1'。实验中，测量 ROI 2 位置处热点强度大小是由 E_0' 与 E_1' 干涉所决定。一般来说，等离激元的相速度 v 与光在真空中的相速度 c 不相等，引起 E_0' 与 E_1' 两个场存在一定的相位损耗（等离激元的相位传播），导致了图 3-18 所示光电子辐射强度的调控。同时，在等离激元的时间演化曲线中表现为存在相位差[73]。在整个延迟过程中，ROI 1 与 ROI 2 两位置的距离恒定，这样被激发等离激元的相位传播为定值。理论上，在每个光学周期，两位置的等离激元时间演化曲线存在的相位差相等。从图 3-19 所示的曲线中进一步知道，在前 4 个光学周期相位差恒定，随着延时继续增加，相位差逐渐变大。产生这种现象的主要原因是，从前面的结果可以知道，纳米线上、下两侧存在随机缺陷结构。飞秒激光作用纳米线产生的传输等离激元进一步诱导缺陷结构产生局域近场增强。这些随机结构的尺寸大小不同，产生局域等离激元的振荡频率可能不同（等离激元共振频率与纳米结构本身的尺寸、形状密切相关），而等离激元时间演化曲线可以反映出等离激元振荡频率的差别。因此在图 3-19 所示的时间演化曲线中表现出相位差随着时间延迟的增加，其值逐渐变大。

下面比较了宽度分别为 300 nm 与 500 nm 纳米线左下角等离激元（分别标记为 ROI 3 和 ROI 4）的动力学过程，其时间演化曲线如图 3-20 所示。从图中可以得到，当延时较小时（在前 3 个光学周期内），两位置等离激元的时间演化曲线同样存在相位差。随着延时的增加，其相位差逐渐增加到 π。产生以上现象的原因如下：①在纳米线左下角位置，外场产生的局域变化电场与传输等离激元产生的电场存在的相位损耗由于纳米线结构尺寸的变化可能同样发生改变。从单个纳米线不同位置等离激元的时间演化曲线可知，相位传播对前 3 个光学周期存在的相位差起主要作用。ROI 3 与 ROI 4 两位置各自的等离激元相位传播不一致，导致时间演化曲线在整个延时内有相位差。②纳米线尺寸的变化可能引起其左下角位置的随机缺陷的尺寸相应发生变化。当飞秒激光作用样品时，ROI 3 与 ROI 4 两位置产生的等离激元的共振频率发生改变，进而在其等离激元的时间演化曲线中表现出相位差随着时间延时的增加，其值逐渐变大。

通过对比单个纳米线不同位置的超快等离激元的动力学过程与不同尺寸纳米线相对应位置的超快等离激元的动力学过程，发现在前 3 个光学周期内，单个纳米线不同位置或不同尺寸纳米线相对应位置的等离激元时间演化曲线存在相位差，这种现象的产生主要是由被激发等离激元的相位传播引起的。通过对比 p 偏振飞秒光作用蝶形纳米结构产生等离激元的动力学过程与纳米线的超快动力学过程，发现各自的时间演化曲线存在本质差别。由于蝶形纳米结构不同位置的局域等离激元的本征振荡频率不同，等离激元时间演化曲线出现相位差。而纳米线不同位置的等离激元时间演化曲线存在的相位差，是由于等离激元的相位传播以及等离激元振荡频率不同所致。

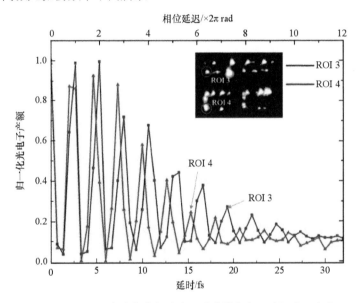

图 3-20　不同尺寸纳米线相对应位置的等离激元时间演化曲线

3.2.4　实验获得单一热点等离激元的消相位时间

等离激元振荡可简化成阻尼简谐振子模型，此时等离激元电场 $E_{pl}(t)$ 可以表示为

$$E_{pl}(t) \propto \int_{-\infty}^{t} \frac{1}{\omega_{p}} K(t') e^{-\gamma(t-t')} \sin[\omega_{p}(t-t')] dt' \qquad (3\text{-}3)$$

式中：$K(t)$为驱动场；ω_p为超快等离激元共振频率（rad/s）；$\gamma=1/2T$为等离激元寿命（s）；T为超快等离激元的消相位时间（s）。

在时间分辨干涉自相关测量过程中，$K(t)$同时包含泵浦光场和探测光场信息。因此，可以表示为 $K(t)=E(t)+E(t+t_d)$，t_d代表泵浦光和探测光之间的时间差。外界激发光场的信息则通过自相关仪获得。将以上参数代入方程中，通过优化方程式（3-3）中的消相位时间 T，使通过优化方程式（3-3）得到的自相关曲线与实验得到的纳米结构中超快等离激元自相关曲线吻合，从而得到超快等离激元的消相位时间。如图3-9所示，通过拟合参数，计算得 ROI 1 点等离激元的消相位时间为 9fs。

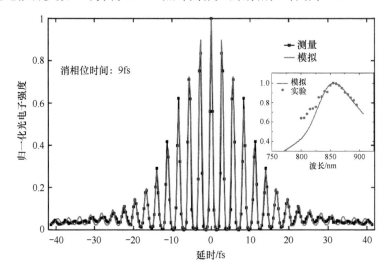

图 3-21　蝶形纳米结构热点 ROI 1 点动力学演化

（"测量"表示实验测的 ROI1 点动力学演化自相关曲线；"模拟"表示利用谐振子模型对实验结果进行的拟合曲线；插图所示为 ROI1 点近场光学响应）

3.3　小结

本章首先利用干涉时间分辨 PEEM 技术作为研究手段对 7 fs 脉冲宽度的 p 偏振光脉冲激发金蝶形纳米结构产生等离激元的动力学过程进行

了表征。接着，分别研究了不同偏振方向飞秒光脉冲激发金蝶形纳米结构形成等离激元的动力学过程。另外，研究了 p 偏振飞秒光脉冲激发单个纳米线时线上不同位置处形成等离激元的动力学过程，以及不同尺寸的纳米线的相对应位置处等离激元超快动力学过程。研究结果表明以下几点。

（1）当两束 p 偏振飞秒激光的时间延迟小于 13fs 时，受激光干涉场的主导，蝶形纳米结构中右纳米三角左尖端（ROI 1）以及左纳米三角的下外角（ROI 2）两位置的等离激元以相同的频率振荡。其后，两位置处等离激元的振荡频率发生变化，逐渐移向其自身的本征频率。

（2）对于不同偏振方向的飞秒光激发蝶形纳米结构的热点，其各自的等离激元振荡频率不同，其动力学时间演化也不相同。入射激光的偏振方向与 p 偏振之间的最小夹角越大，所激发的等离激元振荡频率越快。

（3）以 p 偏振飞秒光照射单个纳米线样品时，激发的等离激元场主要离散地分布在纳米线的上、下两侧边缘区域；当使用 s 偏振飞秒光作用纳米结构时，热点主要集中在纳米线左、右两侧区域且强度也降低许多。在 p 偏振光激发条件下，在纳米线的上、下两侧边缘区域各取一个兴趣点，发现当两束飞秒激光脉冲的延时从 12.69 fs 变化到 14.03 fs 时，上侧边缘位置的热点亮度由高变低，而下侧边缘的热点亮度由低变高，两者呈相反的变化趋势。

（4）单个纳米线不同位置的等离激元动力学过程的实验结果表明，由于等离激元的相位传播，两者的时间演化曲线从第二个光学周期开始出现相位差。

（5）利用 ITR 实验结果结合谐振子模型，获得了单一 bowtie 结构热点等离激元 9fs 的消相位时间。

以上的蝶形及纳米线结构中超快等离激元的动力学过程的实验结果表明，利用飞秒干涉时间分辨 PEEM 技术，可在纳米空间尺度、阿秒时间精度上获得超快等离激元的时空演化图像。

第4章 金石门纳米结构中超快等离激元的动力学实验研究

金属纳米天线具有把远场辐照约束在局域近场的能力，使其在单分子光谱学、传感及近场成像等一系列领域有广泛的应用，这些特性是受纳米天线的几何形状、参数、天线的材料以及激发条件所影响[107-115]。此外，等离激元纳米天线能够支持相干激发[78]，天线的共振呈现非常宽的带宽[116]。已有大量的研究表明，等离激元纳米天线非常适合用于等离激元超快过程以及主动控制的研究[77,79]，特别是复杂的等离激元纳米天线可以充当各种相干现象的模型系统[117]。然而，到目前为止，大多数关于纳米天线超快动力学的研究都是基于简单的纳米结构，如光栅结构上的随机结构、米粒形纳米结构[72,75]。在这些简单的纳米天线结构中，由于是单个纳米结构或者两个纳米粒子之间的距离较远，因而不存在相邻纳米结构等离激元模式的耦合或者耦合作用非常弱。

在第3章中，已经对不同偏振角度的飞秒光脉冲作用蝶形纳米结构不同位置的等离激元的动力学进行了研究，发现单一模式等离激元本征频率的差别使其时间演化曲线出现相位差。石门（Dolmen）纳米结构由于可以存在法诺（Fano）共振[118-122]，已经引起了广泛的关注。法诺共振是由于亮偶极模式与暗四极模式或高阶模式的干涉而产生的，可以从光谱特征加以判断，已经在化学生物传感、开关、电子光学器件等领域有应用前景。到目前为止，大部分关于光与石门纳米结构相互作用的研究都是侧重于远场光谱特性的研究，而对石门结构形成等离激元场的实时成像以及研究其超快等离激元的时间演化等工作对于深入理解其潜在的物理机制是必不可少的。

在第3章的基础上，本章使用非线性PEEM技术对少周期飞秒光脉冲激发金石门纳米结构产生的等离激元进行直接成像。进一步利用干涉时间分辨 PEEM 技术对 p 偏振的 7 fs 脉冲宽度飞秒光激发不同尺寸石门纳米结构产生的等离激元的时间演化过程进行研究。

4.1 石门纳米结构中超快等离激元的动力学研究

4.1.1 实验装置

图 4-1（a）所示为研究石门纳米结构的干涉时间分辨 PEEM 实验装置，与研究蝶形纳米结构中超快等离激元的时间演化动力学过程的实验装置相同。实验中所使用的金石门纳米结构如图 4-1（b）所示，它由 3 个金属纳米棒组成。其中，两个相互平行的纳米棒称为二聚体，二聚体右边的竖棒称为单体竖棒。该样品是利用电子束刻蚀技术制备而成，纳米结构以纯硅为衬底。如图 4-1（c）至图 4-1（f）所示，主要对 4 种不同尺寸的石门纳米结构进行研究，表 4-1 给出具体参数。

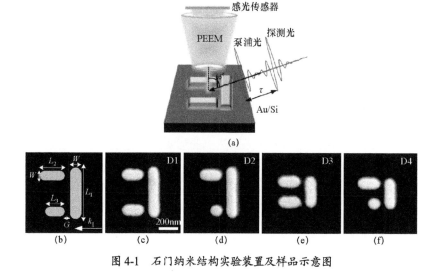

图 4-1　石门纳米结构实验装置及样品示意图

（a）干涉时间分辨 PEEM 技术对石门纳米结构的成像示意图，p 偏振飞秒激光与样品表面成 25°辐照
　　纳米结构；（b）石门纳米结构示意图（L_1=500 或 300 nm，L_2=220 nm，L_3=120 nm 或 220 nm，
　　G=50 nm，W=100 nm，石门纳米结构的厚度为 40 nm）；（c）～（f）一系列石门纳米结构的
　　　　　　　SEM 图（从左到右分别称为 D1、D2、D3、D4）。

表 4-1 不同尺寸石门纳米结构的参数

石门	二聚体上棒长度/nm	二聚体下棒长度/nm	单体竖棒长度/nm
D1	220	220	500
D2	220	120	500
D3	220	220	300
D4	220	120	300

汞灯发出的紫外光与飞秒光脉冲通过 PEEM 不同的玻璃窗口激发样品。通过调节两激发源在样品表面的聚焦光斑重合，使其照射样品的同一石门纳米结构。保持样品的位置不再改变，同时使用这两种激发源得到的 PEEM 图像就可以确定热点在石门纳米结构上产生的位置。在本实验中，首先使用汞灯为激发源成像获得石门纳米结构的轮廓，然后在保持样品位置以及 PEEM 视场不变的情况下关闭汞灯。最后，使用 p 偏振飞秒激光辐照样品研究石门纳米结构等离激元的分布以及等离激元时间演化动力学过程。

4.1.2 不同激发源作用石门纳米结构的 PEEM 图像

图 4-2（a）至图 4-2（d）给出与石门 SEM 图像相对应汞灯激发石门纳米结构的单光子 PEEM 图像。由于金纳米结构的光电子产额远高于硅衬底，金石门纳米结构在图像中获得了较高的对比度。图 4-2（e）至图 4-2（h）所示为 p 偏振飞秒激光作用纳米结构的多光子 PEEM 图像，对比单光子 PEEM 图像，其图像有显著的差别。从图中可以很明显地看到，由于局域等离激元场的增强以热点的形式出现在纳米结构的表面，石门纳米结构的表面亮度不再呈均匀分布。由于样品的位置以及视场大小未做改变，多光子 PEEM 图像与单光子 PEEM 图像的尺寸相同。由此可知，热点主要分布在二聚体的左侧末端。此外，注意到还有一些其他的热点分布在石门纳米结构二聚体上纳米棒的右端以及单体竖棒的上侧末端。

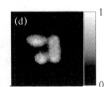

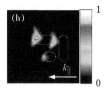

图 4-2　使用汞灯和飞秒激光分别激发 D1～D4 样品所获得的 PEEM 图像

(a)～(d)为汞灯激发 4 个纳米结构产生的单光子 PEEM 图；(e)～(h)分别为 p 偏振飞秒光脉

冲激发纳米结构的三光子 PEEM 图（虚线为石门纳米结构的轮廓。兴趣点位置分别为

二聚体上棒左端、二聚体下棒左端、二聚体上棒右端以及单体竖棒上端，

分别称为 ROI 1、ROI 2、ROI 3、ROI 4。飞秒激光水平矢量从右向左）。

4.1.3　石门纳米结构等离激元电场分布的理论模拟

研究亚波长纳米结构的表面等离激元特性的模拟方法有许多种，如有限元法[123-124]、传输矩阵法[125]、边界元法以及时域有限差分法[126-128]等。表面等离激元特性与纳米结构的形状、尺寸等因素紧密相关，纳米结构参数的微小变化可能引起极大的偏差，而模拟软件的使用可以随时优化这些参数。时域有限差分法（FDTD）可以形象、直观地给出纳米结构的等离激元电场空间分布的光学现象，以伪彩色的方式显示，这种可视化结果有助于清晰地理解纳米结构等离激元的物理过程。基于以上优点，在本书中使用时域有限差分法对纳米结构等离激元电场分布进行了模拟计算。

使用 FDTD 软件（Lumerical, Inc.）计算得到了 D3 石门纳米结构的等离激元电场分布，如图 4-3 所示，所用的样品参数与 D3 石门纳米结构参数相对应。图 4-3（a）所示为光谱范围为 600～950 nm 的超快宽带激光脉冲以 65° 入射角激发石门纳米结构的吸收谱。从图中可以看出，在激光的光谱范围内（图中黄色阴影区域），石门纳米结构的光学吸收横截面有两个共振峰，每个共振峰对应一个等离激元的模式。在该激光器的宽光谱激光作用下，该纳米结构可激发出两个等离激元模式，对应的共振波长分别为 656 nm 与 811 nm。它们对应的电场分布如图 4-3（b）所示，图中给出的是石门纳米结构上表面的 z 分量电场分布。PEEM 图像中所反映出光电子产额的大小对 z 分量电场较为灵敏。一般来讲，纳米结构上表面向 z 方向逸出的电子才对 PEEM 图像有贡献，这是由于从纳米结构侧面逸出的电子的起始角较大，这些电子会被 PEEM 低通滤波器阻挡。图 4-3（c）给出模拟石门纳米结构的三光子 PEEM 图。其中，

光电子从金石门纳米结构表面的逸出过程为 3 阶非线性过程，该结构对应的总光电子产额 $Y \propto \iint \left| E_z\left(r,t\right) \right|^6 \mathrm{d}t \otimes \exp\left(-\left|r\right|^2 / 2\sigma^2\right)$，$\sigma$ 为高斯滤镜的标准差，其大小为 20nm。

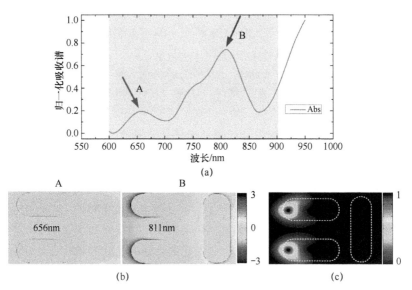

图 4-3　宽带激光脉冲以 65° 入射角激发 D3 石门纳米结构的光学响应的 FDTD 模拟结果

（a）石门纳米结构的归一化吸收谱（黄色阴影区域表示实验中使用的飞秒激光的光谱范围，A 与 B 表示在激光光谱范围内的两种等离激元模式）；（b）石门纳米结构的共振波长为 656 nm、811 nm 的 z 分量的电场分布；（c）模拟石门纳米结构的三光子 PEEM 成像。

　　FDTD 的计算结果表明，对于与样品表面成 25° 角入射的飞秒光，石门纳米结构形成的局域近场增强主要集中在石门纳米结构二聚体的左端，即远离激发源的一端，相应的位置处对应高光电子产额。这种现象的出现主要归因于相位延迟效应。该计算结果与图 4-2 中的实验结果比较有一定的差别。实验结果表明，二聚体中的右上末端以及单体竖棒的上端发出较强的光电子辐射信号，而计算结果并没有在相对应的位置出现强等离激元电场。模拟与实验结果产生差别的最可能原因是该两点的场增强是由于纳米结构缺陷造成的。在样品的制作过程中，一些随机纳米结构（缺陷）出现在石门纳米结构的边缘区域的概率非常高。使用宽光谱激光照射该石门纳米结构时，宽的光谱涵盖了这些缺陷的等离激元共振频率。因此，发生共振，对应于高的光电子产额。此外，纳米结构形状以及厚度的细小变化都会影响等离激元场的强度。

4.1.4 石门纳米结构中超快等离激元的动力学研究

1. D1 石门纳米结构的实验结果与分析

在下面的实验中，使用干涉时间分辨 PEEM 技术对 p 偏振飞秒光脉冲激发石门纳米结构的等离激元动力学过程进行研究。首先测量不同延时下 D1 样品中（二聚体两个棒的长度均为 220 nm，单体竖棒的长度为 500 nm）ROI 1 与 ROI 2 两位置处的光电子辐射强度，得到每个位置的归一化光电子辐射强度随时间延时的变化曲线，其结果如图 4-4（a）所示。图 4-4（b）显示一系列不同延时下（10.01～15.37 fs）的多光子 PEEM 图像，图像中两位置的热点亮度随着延时的增加未出现明显的周期性亮暗变化。也就是说，在延时 10～16 fs 内，光电子辐射强度随着时间延时增加其波动幅度较小。

由图 4-4（a）可知，ROI 1 与 ROI 2 两位置的等离激元振荡具有相同的动力学行为。这是由于入射激光脉冲矢量的水平分量沿着单体竖棒的短轴方向，而石门纳米结构二聚体又具有相等的长度，在斜入射情况下，ROI 1 与 ROI 2 两位置有相同的激光脉冲波前。因此，ROI 1 与 ROI 2 两位置的等离激元模式的本征共振频率相同，且这两位置的等离激元时间演化曲线在整个时间延时范围内始终共相位。从图中进一步可以看出，在两束飞秒光脉冲延时的初期，这两束脉冲的干涉决定等离激元的振荡，驱动形成的等离激元以激光自身周期 2π 振荡，这个过程持续了两个光学周期（4π）的延时长度。随着两脉冲间延时的增加，激光诱导产生的等离激元开始以其自身的本征频率振荡。此外，注意到两位置的等离激元演化曲线在延时 13 fs 附近出现较为复杂的特征，即两个较为明显的小侧翼紧挨着各自的主峰出现在等离激元的时间演化曲线中。为了清楚起见，用实线标记了 ROI 1 位置的等离激元的时间演化曲线以及侧翼的轮廓。对比平面非纳米结构金区域的 3 阶自相关曲线可以知道（图 3-6），侧翼的出现并非由激光自身引起的。将图 4-4 中的结果与第 3 章中的蝶形纳米结构的等离激元动力学时间演化曲线相比较，发现蝶形纳米结构的等离激元动力学的时间演化曲线是呈指数衰减的，与图 4-4 中虚线所标记的趋势相类似，并未发现图 4-4 中的侧翼出现。在图 4-4 中出现侧翼的主要原因是 7 fs 宽光谱飞秒光脉冲激发石门纳米结构在 ROI 1 与

ROI 2 两位置产生了多等离激元模式的相干叠加引起的拍频[75,129,130]。该纳米结构的尺寸（二聚体的长度为 220 nm）与斜入射宽带光波长（800 nm）的 1/4 相比拟时（实验条件符合此条件），这样的系统会产生多极等离激元模式，这些多极模式相干叠加呈现拍频现象[131]。

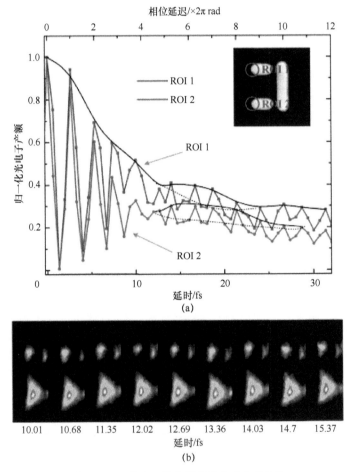

(a)

(b)

图 4-4　D1 样品二聚体等离激元动力学演化

（a）D1 样品二聚体左端两热点（ROI 1 与 ROI 2）的等离激元时间演化曲线（曲线的包络用黑线表示，插图为 D1 样品的 SEM 图）；（b）不同时间延迟的干涉时间分辨多光子 PEEM 图（图像中两脉冲时间延迟为 10.01～15.37 fs，步长为 0.67 fs）。

2. D3 石门纳米结构的结果与分析

下面对 D3 石门纳米结构中（二聚体两个棒的长度均为 220 nm，单体竖棒的长度为 300 nm）ROI 1 与 ROI 2 两位置的等离激元时间演化动力学过程进行成像表征，其时间演化曲线如图 4-5（a）所示，热点在不同延时下的干涉时间分辨多光子 PEEM 图如图 4-5（b）所示。热点的时间演化曲线表明，两位置的等离激元在整个延时范围内的振荡始终共相位，从干涉时间分辨 PEEM 图像中也可以看出，两位置的热点亮暗变化始终保持一致。同样地，在时间演化曲线的主峰旁边（延时大约为 26 fs）出现了与拍频现象相关的侧翼特征，其轮廓如图 4-5（a）中虚线所示，这种现象与前面 D1 纳米结构时的情况相似。另外，从 D3 石门纳米结构的时间演化曲线可以得到，热点的光电子辐射信号振荡衰减速度较 D1 样品的情况慢许多，导致其时间演化曲线的半高宽（Full Width at Half Maximum，FWHM）有所增加。

对图 4-5（a）中出现的拍频现象，进行理论计算。由之前 D3 石门纳米结构的 FDTD 计算结果得到，该石门纳米结构有两种等离激元模式，对应的共振波长分别为 656nm 与 811nm。它们二者产生的拍频频率为 $f_{beat}=f_1-f_2$。其中，f_1 与 f_2 分别为等离激元模式波长为 656nm 与 811nm 的频率，这两者产生的拍频的周期 T_{beat} 大约为 12fs。在实验中，在图 4-5（a）所示的等离激元的时间演化曲线中，得到拍频半周期近似为 6.5fs，即周期为 13fs。实验得到的结果与计算得到的结果较为相符。

等离激元的时间演化曲线与等离激元的消相位时间 T_2（Dephasing Time）紧密相关，但从曲线中得到具体的等离激元消相位时间是比较困难的，因为等离激元的时间演化曲线半高宽不仅包含等离激元的消相位时间，而且还包含了激光脉冲自相关的卷积以及激发电子–空穴对的寿命。在实验过程中，激光脉冲的脉宽以及电子–空穴激发的寿命不发生变化，半高宽较宽的时间演化曲线意味等离激元的消相位时间长。与 D1 样品相比，D3 样品的尺寸减小，其辐射阻尼相应减少，而辐射阻尼是衰减偶极等离激元共振强度的主要原因。为了使计算简便，将等离激元的时间演化曲线看作 3 阶自相关曲线，对于高斯激光场脉冲而言，其反卷积因子为 1.253。从时间演化曲线的半高宽初步判断，D3 样品左端点处产生的等离激元的消相位时间大于 D1 样品的。这样，在粗略近似下，D3 样品中等离激元的消相位时间大约增加了（FWHW（D3）−FWHW（D1））/1.253=4.8 fs。而等离激元的寿命 τ_{pl} 与消相位时间的关系为 $2\tau_{pl}=T_2$，D3 样品左端点处的等离激元寿命比 D1 样品的情况长了 2.4 fs。

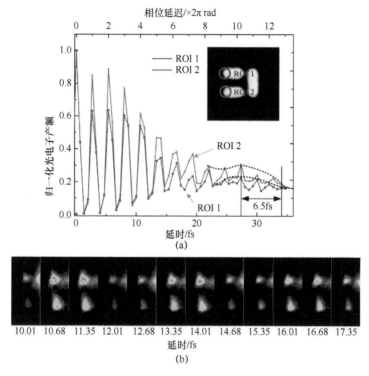

图 4-5　D3 样品二聚体等离激元动力学演化

（a）D3 样品中 ROI 1 与 ROI 2 两位置的光电子辐射信号与时间延迟的变化曲线（时间演化曲线中出现的侧翼用虚线表示，插图分别为 D3 样品的 SEM 图）；（b）一系列不同延时的干涉时间分辨 PEEM 图（图像中延时为 10.01～17.35 fs）。

　　另外，使用 FDTD 软件模拟给出了 D3 石门纳米结构中 ROI 1、ROI 2 两个位置 z 分量电场随时间的演化曲线，其结果如图 4-6 所示。从曲线中可以得到，ROI 1 与 ROI 2 两位置的电场振荡在整个时间内始终共相位且两电场曲线几乎无差别，这反映出这两位置所对应的等离激元具有相同的动力学特征。当时间范围为 17～25 fs 时，z 分量电场的时间演化出现复杂、丰富的特征（黑色虚线表示），主要反映出石门纳米结构出现的两种不同的等离激元模式相互相干叠加所致的拍频现象。计算单一等离激元模式的电场随时间的演化曲线发现，演化曲线呈指数衰减并不会出现图 4-6 中所示的特征[132]。

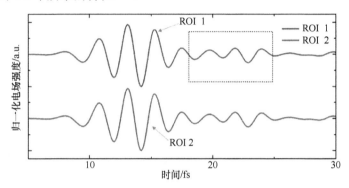

图 4-6　石门纳米结构 ROI 1 与 ROI 2 两位置处的 z 分量电场的时间响应

在下面的实验中，对 D3 石门纳米结构中二聚体上棒两端（ROI 1 与 ROI 3）的等离激元时间演化曲线进行了比较研究。图 4-7（a）给出了对应位置的归一化光电子辐射强度与两脉冲延时关系。从图中可以得到，与之前的情况相似的是，当两飞秒激光脉冲的时间延迟在 0～9 fs 范围内时，两位置等离激元的时间演化曲线保持相同的步调，其原因是外激光场的干涉支配着等离激元振荡。然而，随着两脉冲时间延迟的增加（在 6π（8 fs）～13π（18 fs）），两位置的自相关曲线显示等离激元振荡频率存在差别。当时间延迟为 10 fs 时，两等离激元时间演化曲线的相位差为 $\pi/2$。随着时间延迟增加到 14 fs 时，其相位差逐渐增加为 π，等离激元的振荡是完全相反的相位。当时间延迟大于 19 fs 时，等离激元的振荡再次共相位。图 4-7（d）所示为干涉时间分辨多光子 PEEM 图像，从图中热点亮暗的变化关系也可以直观地反映出等离激元振荡的相位关系。选取一个光学周期 10.01～12.68 fs 为例，ROI 1 的热点按照暗-亮-暗的趋势变化，而 ROI 2 则是由亮变到暗再变化为亮，可见两位置等离激元振荡的相位完全相反。

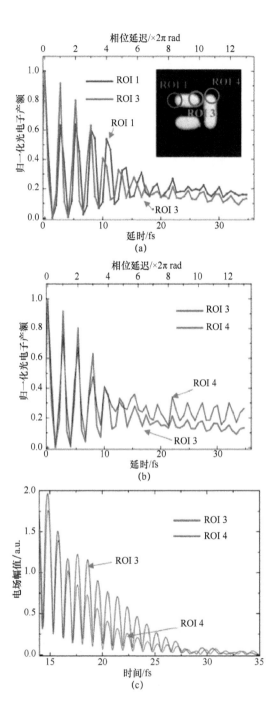

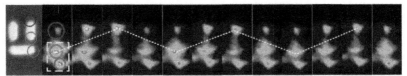

图 4-7　D3 样品不同位置等离激元动力学演化

(a) D3 样品 ROI 1 与 ROI 3 两端点处归一化光电子辐射强度与时间延迟的关系曲线；(b) ROI 3 与
ROI 4 两处的等离激元时间演化曲线；(c) ROI 3 与 ROI 4 两处的等离激元电场的时间响应
曲线；(d) 一系列不同延时下的干涉时间分辨多光子 PEEM 图像（延时时间为 10.01～
17.35 fs。为了直观地观察到热点强度的变化，将 PEEM 图像顺时针方向旋转 90°。
白色虚线为 ROI 1 与 ROI 2 两位置最大强度差值的变化情况）。

对于单个纳米粒子（在此为二聚体中的上侧横棒）而言，其两端的近场增强是由于相同等离激元模式引起的，近场相互耦合导致等离激元的振荡频率应相等。当光源斜入射激发纳米粒子时，相位延迟效应可以使纳米结构两端近场时间演化曲线产生相位差，并且相位差的大小与两端的距离成正比。已有结果表明，长度为 380 nm 的米粒形纳米结构两端的等离激元动力学时间演化曲线由相位延迟效应产生的相位差为 200 as。而石门纳米结构中二聚体长度为 220 nm 两端产生的相位差远大于 200 as，并出现完全失相的情形。因此，所观察到时间演化曲线完全失相现象并非仅由相位延迟效应引起的，主要是因为二聚体上棒两端的等离激元模式不相同。此外，根据 D3 石门纳米结构等离激元电场分布的 FDTD 模拟结果进一步确认，二聚体上棒右端的等离激元振荡是由于缺陷引起的。

此外，研究了 ROI 3 及 ROI 4 两位置的等离激元动力学，其自相关曲线如图 4-7（b）所示。出乎意料的是，ROI 3 与 ROI 4 两位置的等离激元的振荡始终保持相同相位。同时，干涉时间分辨多光子 PEEM 图像也清晰地显示两位置热点亮暗的变化保持同步，表明 ROI 3 和 ROI 4 两位置等离激元的相位随时间演化保持相同的速度。由于石门纳米结构中竖棒与二聚体的距离为 50 nm，如此小的距离使得 ROI 3 与 ROI 4 之间的等离激元有非常强的耦合作用[119]，正是等离激元之间强的耦合作用使得 ROI 3 与 ROI 4 两位置具有相等的等离激元振荡频率。为了进一步验证该结果的准确性，对强耦合作用下 ROI 3 与 ROI 4 两位置等离激元电场的时间响应进行模拟计算，其结果如图 4-7（c）所示。由于受外场干涉的影响，等离激元在前几个光学周期以激光频率振荡。提取电场振荡行为时间从 14 fs 开始。从曲线中可以得到，两者等离激元的电场振荡始终共相位，与实验结果相符。

从图 4-7（d）所示一系列不同延时下的干涉时间分辨 PEEM 图像可以得到，两种不同等离激元的共振为等离激元的控制提供了一种有效的手段。当两脉冲的时间延迟从 11.35 fs 变化为 12.68 fs 时，较高的光电子产额可以被控制从 ROI 1 变化到 ROI 3；如果两脉冲的延时进一步增加，较高光电子产额又回到 ROI 1 位置。随着两脉冲延时的增加，两位置热点的强弱变化呈现周期性变化，如图 4-7（d）中的白色虚线所示。由此可见，两束 p 偏振的少周期飞秒光脉冲激发石门纳米结构时，通过改变两束脉冲的时间延迟，可以实现对石门纳米结构中等离激元的控制目的。

3. D4 及 D2 石门纳米结构的实验结果与分析

下面分别对 D4 及 D2 石门纳米结构中（竖棒长度分别为 300 nm 与 500 nm；二聚体中两横棒长度彼此不相等，分别为 220 nm 与 120 nm）ROI 1 与 ROI 2 两位置的等离激元时间演化动力学进行表征。图 4-8（a）与图 4-9（a）分别给出了 D4 与 D2 石门纳米结构中归一化光电子辐射强度与时间延迟的变化关系。从 D4 石门纳米结构等离激元的时间演化曲线可以得到，ROI 1 与 ROI 2 两位置的等离激元振荡频率在延时为 3 个光学周期 6π 时（后）出现差别。随着两束飞秒光脉冲时间延迟的增加，当延时为 14.7 fs 时，两位置的等离激元时间演化曲线完全失相。图 4.8（b）给出了一系列干涉时间分辨多光子 PEEM 图像，从图中也可以直观地观察到 ROI 1 和 ROI 2 两位置处等离激元振荡的失相过程。当两脉冲的延时从 10.01 fs 变化为 10.68 fs 时，ROI 1 位置的热点由亮变到暗，而 ROI 2 位置的热点由暗变亮。当延时从 14.7 fs 变化为 16.04 fs 时，ROI 1 位置处的热点由亮变暗，ROI 2 位置的热点从暗变亮。

对于两位置的等离激元时间演化曲线出现完全失相的现象，给出以下解释。对比第 3 章飞秒激光斜入射作用纳米线结构，由于激光的水平电场方向与纳米线的长轴平行，靠近激发源位置的等离激元的时间演化曲线中峰–峰距离小于远离激发源位置的等离激元时间演化曲线中峰-峰距离。而本实验中发现与此相反的现象，靠近激发源 ROI 2 位置的等离激元时间演化曲线中峰-峰距离大于远离激发源 ROI 1 位置的等离激元时间演化曲线中峰-峰距离，所以排除由于相位沿着纳米棒变化而引起两位置等离激元时间演化曲线产生相位差。当少周期宽带飞秒激光斜入射作用 D4 石门纳米结构时，激发电场的水平偏振方向沿单体竖棒的短轴方向，由于石门纳米结构二聚体的两个平行棒的长度不同，导致产生的等离激元模式的共振频率不同。当两脉冲不叠加时，等离激元以自身的本征频率振荡，在时间演化曲线中出现相位差。

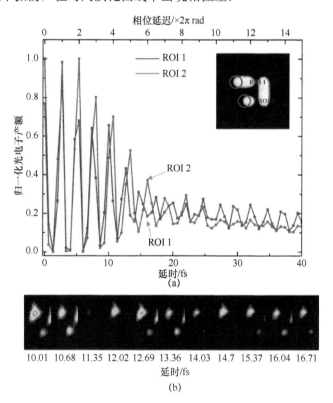

图 4-8　D4 样品不同位置等离激元动力学演化

（a）D4 石门纳米结构中二聚体左端点 ROI 1 与 ROI 2 两位置的等离激元的时间演化曲线；

（b）时间延迟为 10.01～16.71 fs 时的干涉时间分辨多光子 PEEM 图像。

对于 D2 石门纳米结构而言，从图 4-9（a）可以知道，ROI 1 与 ROI 2 两位置的等离激元时间演化曲线在延时长度达到第五个光学周期时出现相位差。随着两脉冲延时的增加，很难识别两时间演化曲线的相位关系。特别在 15～23 fs 范围内（图中虚线方框所示），ROI 1 位置处的等离激元的动力学变得复杂，出现多峰特征，等离激元表现出非规则的振荡行为。而 ROI 2 位置处的等离激元动力学表现的特征与 ROI 1 的有所不同。出现这种现象的可能原因为，在 D2 石门纳米结构中，由于 ROI 1 所在的横棒长度大于 ROI 2 的（L_2=220 nm，L_3=120 nm），宽光谱带 7 fs 激光斜入射激发纳米结构时，在 ROI 1 位置激发产生了多个等离激元模式，这些模式等离激元相干叠加，导致在时间演化曲线中表现出多峰特征。而在 ROI 2 所在的棒较短，其位置激发产生单一等离激元模式，在其时间演化曲线中变现为单峰。图 4.9（b）给出了 D2 样品的一系列干涉时间分辨多光子 PEEM 图像。

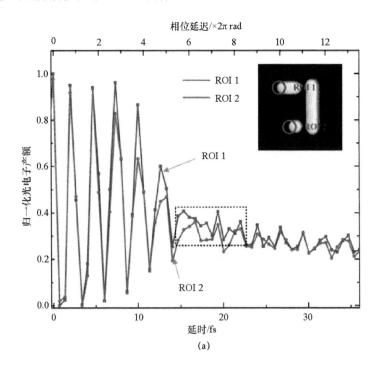

(a)

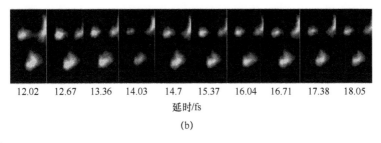

12.02	12.67	13.36	14.03	14.7	15.37	16.04	16.71	17.38	18.05

延时/fs

(b)

图 4-9　D2 样品不同位置等离激元动力学演化

（a）D2 石门纳米结构中 ROI 1 与 ROI 2 热点的光电子辐射强度的时间演化曲线（点线表示复杂的动力学过程）；（b）不同延时下的干涉时间分辨多光子 PEEM 图。

综上所述，使用少周期飞秒激光干涉时间分辨 PEEM 技术在飞秒、纳米极小时空尺度上对石门纳米结构的等离激元动力学过程进行了成像表征。揭示了不同尺度石门纳米结构上的不同位置等离激元的动力学过程。特别地，从时间演化曲线中观察到由等离激元多模式相干叠加引起的拍频现象以及较近距离两等离激元相互耦合对动力学过程的影响。此外，还通过改变两束脉冲的时间延迟，实现了对石门纳米结构产生等离激元的控制。宽光谱超短飞秒光脉冲的引入，使纳米结构出现了多模式的等离激元，等离激元模式选择性的激发又可以为纳米结构的近场控制提供新的平台，促进将来信息的传输与处理呈现多元化的发展。

4.2　小结

在本章中，首先使用 PEEM 对 p 偏振少周期宽带飞秒光脉冲激发不同尺寸的石门纳米结构产生热点的分布进行了成像研究；然后结合干涉时间分辨技术对不同尺寸的石门纳米结构上不同位置产生等离激元的动力学过程进行成像表征，主要结论如下。

（1）使用 p 偏振 7 fs 飞秒光脉冲激发石门纳米结构，观察到热点主要集中在二聚体的左端。同时，二聚体上棒的右端以及单体竖棒的上端观察到了因样品缺陷引起的热点。

（2）在二聚体长度相等的大尺寸 D1 石门纳米结构的研究中，发现二聚体左端两位置对应的等离激元模式具有相同的共振频率，且两位置的等离激元振荡始终共相位。此外，在该样品形成的等离激元的动力学演化研究中，观察到了因多模式等离激元的相干叠加而产生的拍频现象，其在时间演化曲线中呈现为紧挨主峰的侧翼出现。

（3）在二聚体长度相等的小尺寸 D3 石门纳米结构的研究中，除了观察到二聚体长度相等的大尺寸 D1 石门纳米结构的所有特征外，还观察到了相邻较近的两个样品随机缺陷对应的等离激元的动力学行为。发现两者以同位相振荡，这是由于相邻较近的等离激元强耦合作用。

（4）在二聚体长度相等的小尺寸石门结构（D3）的研究中，当两脉冲的时间延迟从 11.35 fs 变化为 12.68 fs 时，较高的光电子产额可以被控制从二聚体上棒的左端（ROI 1）变化到右端（ROI 3）；如果两脉冲的延时进一步增加，较高光电子产额又回到左端（ROI 1）位置。

（5）在二聚体长度不相等的石门纳米结构（D4）的研究中，观察到了因二聚体彼此长度不相等使其左端两位置对应的等离激元模式的共振频率有差异。两者的振荡随时间演化出现完全失相。

第 5 章　金蝶形及银方块形纳米结构中超快等离激元的控制研究

　　目前，光子器件不断小型化，较之电子器件具有高带宽、高密度、高速度和低耗散等诸多优势，在纳米尺度下控制光场，实现在纳米尺度内的聚焦、变换、耦合、折射、传导和复用，为研制成功较现在器件工作速度快几个数量级的拍赫兹超高速通信器件以及超快纳米等离激元芯片等打下坚实的基础。第 3 章对少周期光脉冲激发蝶形以及纳米线形结构形成的超快等离激元动力学进行成像表征，并且测量该超快近场动力学在纳米尺度上的变化过程，对光学激发场与本征模式的相互作用过程有了一定的理解。在此基础上，进一步研究如何对超快等离激元进行人为主动控制，即能够使局域近场在纳米、飞秒尺度上按照特定方式进行时空分布。在早期的工作中，Brixner 等[133]利用激光脉冲极化整形对等离激元进行了多参数的自适应控制。Sukharev 实验组[134]对银纳米颗粒构成的 T 形结构控制光的传输进行了理论研究。Aeschlimann 等[80]同样利用极化整形激光脉冲对等离激元场的分布进行了控制。由此可见，一般可以通过改变外激发场的振幅、光谱以及相位的分布等性质来实现对等离激元的相干控制。

　　超快等离激元是一个具有纳米空间尺度、飞秒时间量级的光学近场，而实现对其主动控制面临最大的挑战就是需要一种实验工具对光学近场进行高时空分辨、无干扰的原位成像。在第 4 章的研究中，以超快飞秒激光为光源的非线性 PEEM 已经成为对极小时空尺度等离激元成像的有力工具[136]，仍利用 PEEM 对超快等离激元的控制过程进行表征。

　　在本章中，首先利用皮秒光脉冲作为光源激发银方块结构，同时使用 PEEM 对其产生的等离激元近场进行了成像。通过改变入射光脉冲的偏振方向对等离激元场的分布实现了控制，进一步用 PEEM 对超短超快飞秒激光照射金蝶形纳米结构产生的超快等离激元进行成像研究。通过改变单束激光脉冲的偏振方向以及两束偏振方向相交脉冲的延时即两束脉冲的相对位相，实现了对金纳米结构产生等离激元的控制。

5.1 银方块结构中超快等离激元的控制研究

5.1.1 实验装置

图 5-1 所示为研究皮秒激光脉冲辐照银方块形结构产生等离激元局域近场特性的实验装置。本实验采用了两种不同的激发源：一种为输出光无偏振特性且截止能量为 4.9 eV 的汞灯；另一种为皮秒激光器（PDL 800-D, PicoQuant GmbH，输出波长 400 nm、重复频率 80 MHz、脉宽 60 ps 以及激光功率 15 mW）。光电子显微镜的两种光源均以与样品表面法线方向成 65°的方向照射银样品，如图 5.1 中插图所示。银方块形结构样品为标准的测试样品，由 PEEM 生产商 Focus 公司提供。每个银方块的尺寸($L \times W \times H$)为 8 µm×8 µm×500 nm，两方块间的沟槽宽度为 2 µm。

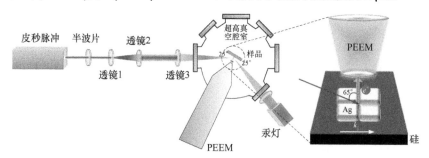

图 5-1　银方块结构产生等离激元场的实验装置

一般典型的银样品的功函数为 4.2 eV，汞灯的截止光子能量为 4.9 eV。当使用汞灯作为激发光源时，因其光子能量大于银样品功函数，电子从样品表面逸出过程是单光子光电子辐射过程，这样样品表面都会有光电子逸出，在实验中可以用其对样品结构进行定位。当激发源为波长 400 nm 的皮秒激光时，由于激光的单光子能量 3.1 eV 小于银样品功函数，样品至少需要吸收两个光子才可以使电子逸出，即光电子辐射是一个非线性双光子过程。在本实验中，通过使用半波片改变激光的偏振方向，半波片角度每次变化为 7.5°，连续旋转半波片直至完成对数据的采集。

5.1.2 不同激发源作用银方块结构的 PEEM 图像

图 5-2 所示为分别使用汞灯和皮秒激光辐照银方块形结构样品得到的 PEEM 图。图 5-2（a）是汞灯照射样品得到的单光子 PEEM 图像。从图像中可以清晰地分辨出银方块形结构。由图 5-2（a）可知，银方块形结构表面的图像亮度比较均匀，这是由于在汞灯照射下光电子逸出过程为单光子光电子辐射，样品的整个表面均有光电子逸出。仔细观察发现，图 5-2（a）中银方块形结构的迎光棱边区域较亮，而背光棱边区域较暗。这是由于在样品的法线方向上，银方块结构自身存在一定的高度，当汞灯以 65°斜入射辐照样品时，由于阴影效应导致背光棱边几乎接受不到汞灯的照射，因而该区域光电子产额低。此外，从图 5-2（a）中还可以观察到，在银方块表面以及凹槽里有许多随机分布的纳米结构。

图 5-2（b）和图 5-2（c）所示为激发源 p 及 s 偏振的皮秒激光照射样品的双光子 PEEM 图。在使用皮秒激光作为激发源时，为了观察多个银方块结构的近场分布情况，选择增大了视场进行成像观测。银样品典型的功函数为 4.2 eV，在 400 nm 皮秒激光照射的条件下，光电子的产生机制为双光子光电子辐射。对比汞灯激发下的单光子 PEEM 图像，皮秒激光作用下的双光子 PEEM 图像发生了显著的变化：样品表面亮度不再均匀分布，而是以热点形式主要集中在各个银方块的棱边区域。当使用皮秒激光作用银样品时，入射波的水平矢量从左指向右。图 5-2 中银方块形结构的边长为 8 μm。

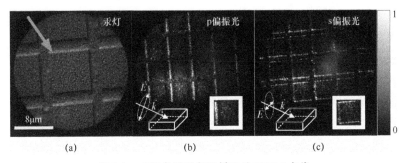

图 5-2　不同光源照射银样品的 PEEM 成像

（a）光源为汞的 PEEM 图（图中箭头为汞灯入射方向）；（b）使用 p 偏振态的皮秒激光作用银样品的 PEEM 图；（c）s 偏振态下皮秒激光作用样品的 PEEM 图。

进一步分析在 p 和 s 偏振光激发下，银方块形结构中等离激元场的分布规律。图 5-2 中的入射激光水平方向为从左至右，从图中可以看到，在皮秒激光斜入射下，图 5-2（b）和图 5-2（c）中每个方块的右侧棱边区域为暗区域。这是由于方块右侧棱边几乎接收不到激光的照射，因而该区域无光电子辐射，即阴影效应所起作用的结果。图 5-2（b）所示为 p 偏振皮秒激光作用样品的双光子 PEEM 图像。从图中可以看到，PEEM 图像中每个方块左侧棱边特别亮（图 5-2（b）的右下角插图），这是当 p 偏振光的电场方向垂直于该微米尺度棱边的长轴时，由于激发表面等离激元，使得该区域的局域电场大大增强，进而有较高的光电子产额。在该条件下，对于与其垂直的两个棱边（银方块的上下棱边）而言，激光电场的水平分量与这两个微米尺度棱边的长轴平行，由于此时微米尺度结构的表面等离激元共振对应的波长发生红移，远超过 400 nm 的照射激光波长，因而在这两个棱边处不能诱导产生表面等离激元共振[137]，因此，上、下两侧棱边区域的光电子产额较低。观察到的这一现象与文献[137]中 p 及 s 激光偏振态条件下作用微米尺度银棒时所形成等离激元局域近场分布规律一致[138]。此外，从图 5-2（b）可以看到，银方块结构表面以及凹槽内部有一些不规则出现的亮点。这是由于当波长为 400 nm 的皮秒激光照射样品时，激光波长恰恰处于部分随机纳米结构的共振波长范围内。因此，诱导产生了一些随机的局域表面等离激元共振。另外，对于一些尖端随机纳米结构，避雷针效应（尖端效应）同样对其局域电场的增强有贡献。

在其他条件不变的情况下，只将激光改为 s 偏振光，其 PEEM 图像结果如图 5-2（c）所示。从图中可以看出，当入射激光为 s 偏振光时，样品的等离激元场分布发生了很大变化。图像中每个银方块左侧棱边的亮度较之前明显减弱，而在方块的上下两棱处都出现了亮度几乎相等的强等离激元场分布。同样，类似于文献中微米尺度棒的情况下[138]，当激光电场方向与两棱边的短轴垂直时，该区域呈现出高的光辐射电子产额。而与激光电场方向平行的左侧棱边，其光电子产额较低。由此可见，银方块结构的等离激元场分布与线偏振激光的偏振方向有着密切的联系。

5.1.3 银方块结构中超快等离激元的控制研究

图 5-3 给出了连续改变激光偏振角度条件下的银方块结构的双光子 PEEM 图。从图中观察到，不同偏振角度的激光照射下，银方块的等离激元场分布呈现较大的差异。通过改变入射光的偏振方向，可以使方块结构 3 条棱边的等离激元场分布发生相应的变化，选择合适的入射激光偏振角度可以使其等离激元场强度分别达到最大。由此可见，银方块等离激元场的分布与激发光脉冲的偏振角度有着紧密的联系。

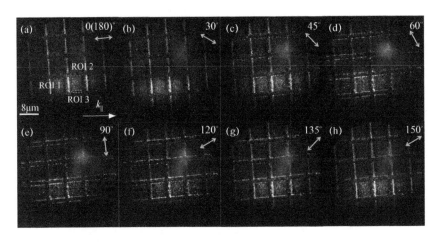

图 5-3 一系列不同偏振角度光脉冲激发银样品的 PEEM 成像

(a) 偏振角度为 0°；(b) 偏振角度为 30°；(c) 偏振角度为 45°；(d) 偏振角度为 60°；
(e) 偏振角度为 90°；(f) 偏振角度为 120°；(g) 偏振角度为 135°；(h) 偏振角度为 150°。

(激光水平入射分量从左指向右，箭头为激光的偏振方向)

为了定量地给出银方块等离激元场强度与激光偏振角度的变化关系，对单个银方块结构的左侧、上侧及下侧棱边（分别称为 ROI 1、ROI 2、ROI 3）在不同偏振角度激光作用下产生光电子辐射强度进行了测量，其结果如图 5-4 所示。从图中曲线可以得到，随着激发光脉冲偏振角度的增加，ROI 1 区域的光电子辐射强度呈现先减小后增加的变化规律。当偏振角度为 90°时，热点强度达到最小；当偏振角度为 180°时，光电子信号又恢复到最大值。当激发光脉冲的偏振角度从 0° 变化到 90°，或者从 90°变化为 180°时，实现了方块左侧棱边区域（ROI 1）等离激元的控制。此外，ROI 2 与 ROI 3 区域的光电子辐射强度呈先增加后减小的变化，两区域最大的光电子辐射强度分别为激光偏振角度趋近 45° 与 135°。当激发光脉冲的偏振角度从 45° 变化为 135° 时（改变 90° 时），强等离激元场从方块结构的上侧棱边变化到下侧棱边（图 5-3），实现了方块结构不同区域光电子产额的开关控制。

综上所述，通过改变皮秒激发光源的偏振角度可以实现对等离激元场的主动控制。

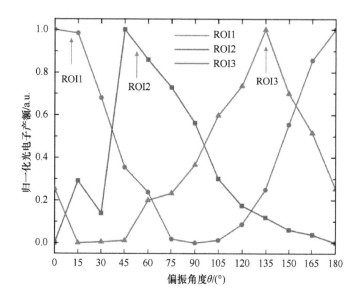

图 5-4　归一化的不同区域光电子辐射强度与激发激光偏振角度的变化关系

（图中所示位置与图 3-11 所示位置）

5.2　金蝶形纳米结构中超快等离激元的控制研究

在 5.2 节对皮秒激光作用银方块产生的超快等离激元进行控制的基础上，进一步对少周期飞秒激光作用金蝶形纳米结构产生的超快等离激元进行了控制研究。

5.2.1 实验装置

图 5-5 所示为单束少周期超快飞秒激光脉冲作用金蝶形纳米结构产生的超快等离激元,随入射激光脉冲偏振方向变化关系的实验研究装置。如图 5-5 中插图所示,飞秒激光同样是以与样品垂直面成 65°辐照金纳米结构样品,经过透镜聚焦以后在样品表面的光斑尺寸大约为 100 μm×200 μm。采用的样品依然是金蝶形纳米结构,样品结构尺寸与第 3 章研究的样品相同。

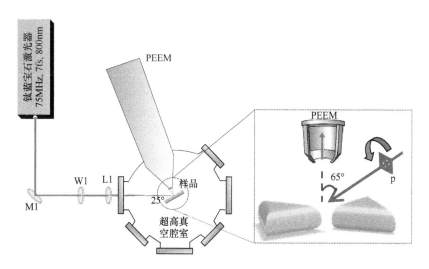

图 5-5 蝶形纳米结构产生等离激元的实验装置

M1—金属银镜;W1—半波片;L1—200 mm 的聚焦透镜;PEEM—光发射电子显微镜。

从上面的实验结果已经得到 p 偏振和 s 偏振的飞秒光脉冲激发蝶形纳米结构其等离激元光学近场的分布,并且知道光学近场分布与激发光的偏振态密不可分。为了详细地观察光学近场分布随着入射激光不同偏振角度的变化关系,以步长 4°来连续旋转半波片完成对蝶形纳米结构等离激元近场的成像记录。

为了进一步对金蝶形纳米结构产生的等离激元进行控制,搭建了如图 5-6 所示的实验系统。该实验装置与前面探测纳米结构等离激元动力学的实验装置相似。第一种方法为,分别改变 p 与 s 偏振的两束激光脉冲间（两束激光偏振方向正交）的相对延时，实现对纳米结构形成等离激元的控制。第二种方法为，分别改变 p 偏振激光与 60°偏振角度（相对于 p 偏振逆时针旋转 60°）的两束激光脉冲的相对延时完成对纳米结构形成等离激元的控制。在干涉仪的两臂中分别加入宽带半波片改变每束激光的偏振方向，对两者间的相对角度进行控制。通过改变其中一束光的光程（通过高精度压电陶瓷平移台完成）获得两束相交脉冲的相对延时。在实验中，由于激发样品的激光中心波长为 800 nm，对应光学周期为 2.67 fs,控制平移台的移动步长为 100 nm,其所对应时间延迟为 670 as。在每一步长完成对等离激元场的成像。

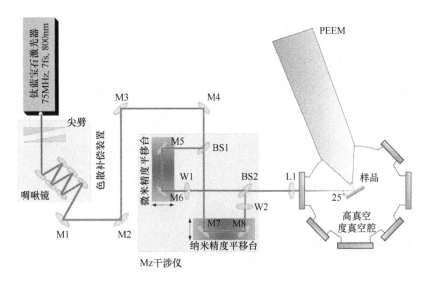

图 5-6　蝶形纳米结构超快等离激元的控制实验装置

M1～M8—金属银镜；BS1—激光分束镜；BS2—激光合束镜；L1—200 mm 的聚焦透镜。

5.2.2　蝶形纳米结构等离激元场控制的理论模拟方法

使用 FDTD 软件对金蝶形纳米结构的等离激元电场分布以及控制进行研究，FDTD 模拟结果得到平面波激发蝶形纳米光学天线的光学响应是基于麦克斯韦方程组的全矢量解。模拟区域的大小为 2 μm×2 μm×2 μm,模拟区域的边界条件为完美匹配层（Perfectly Matched Layer，PML）边界条件。为了运算简单，蝶形纳米结构置于真空中，在运算中金的介电常数选取 Johnson 等[139]的实验数据。在所有模拟计算中，使用全场散射场光源（Total-Field Scattered-Field Source，TFSF），脉冲包络为高斯脉冲包络。在计算过程中，在蝶形纳米结构的 6 个尖端各放置一个监视器来记录尖端的电场强度。

图 5-7 给出了不同偏振态的光场以 65°斜入射激发金蝶形纳米结构示意图。所采用的纳米结构尺寸为纳米三角的边长为 360nm，两纳米三角的间隙为 100 nm，纳米结构的厚度为 40 nm。光场的入射方向与样品的水平方向成 25°，光场的水平矢量从右向左。当光场的电场方向在 yOz 平面内时，为 p 偏振即 TM 波；当光场的电场方向在 xOz 平面内时，为 s 偏振即 TE 波。以上选取的模拟参数，同实验的参数一致。

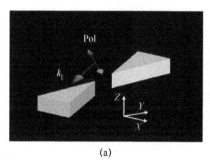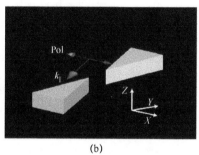

(a)　　　　　　　　　　　　(b)

图 5-7　不同偏振态光场以 65°激发金蝶形纳米结构示意图

（a）p 偏振光场斜入射激发纳米结构；（b）s 偏振光场斜入射激发纳米结构。

$k_{//}$—激光入射方向；Pol—激光偏振方向。

5.2.3　单束飞秒激光偏振方向对超快等离激元的控制研究

在开展通过改变两束相交光脉冲的延时手段实现等离激元的控制之前，首先开展利用改变入射激光偏振方向的方法对等离激元进行控制。从第 3 章的实验结果可知，金蝶形纳米结构在 p 与 s 两种不同偏振态的激光作用下产生热点的位置以及强度均不相同。为了具体地说明热点随入射激光偏振方向是如何变化的，利用图 5-5 所示的实验装置，通过连续旋转宽带半波片实现对蝶形纳米结构等离激元场的控制研究。图 5-8 所示为提取了一系列不同偏振方向下的三光子 PEEM 图。从图可以得出，不同偏振方向的飞秒光脉冲激发样品产生的等离激元分布不同，并且某一热点的强度随着激光偏振角度的改变而变化。当偏振方向从 0°变化到60°时，最强热点的区域从右三角的顶角（方框所示位置处）逐渐变化到左三角的下底角（三角所示位置处），而且左三角的上底角（圆圈所示处）热点的亮度在此过程中始终较暗。当继续改变激光的偏振角度从 90°逐渐变化到180°，即激光的偏振态从 s 偏振回到 p 偏振这个过程中，观察到与上述完全不同的现象。左三角上底角热点的亮度逐渐变化到最亮然后变暗，而左三角下底角热点的亮度始终较暗。蝶形纳米结构中最强的热点从左纳米三角的上底角逐渐变化到右纳米三角的顶角位置。继续改变激光的偏振角度时，从 180°变化到360°时产生的现象与从 0°变化到180°时的现象基本一致。需要指出的是，在入射激光的偏振方向从 0°到180°的变化过程中，热点从蝶形纳米结构中左纳米三角的下底角（三角所示位置）转移到该纳米三角形的上底角（圆圈所示位置），即通过变化入射激光的偏振方向的方法实现超快等离激元分布的控制。

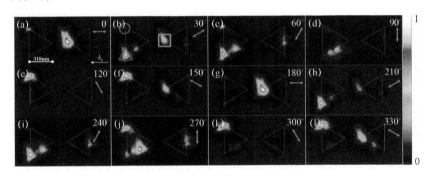

图 5-8　不同激光偏振角度下的三光子 PEEM 图

（方框、圆圈和三角分别用来标记蝶形纳米结构 3 个不同的区域，激光的水平入射分量从右指向左，箭头代表激光的偏振方向）

为了定量地阐述蝶形纳米结构等离激元与激发光脉冲偏振方向的关系，测量了不同偏振方向光脉冲激发左三角的两底角（分别为圆圈及三角位置处）以及右三角的顶角区域（方框位置处）的等离激元近场强度的大小，得到了其归一化的光辐射电子强度与激光偏振方向的变化关系，如图 5-9（a）所示。对于右三角的顶角而言（方框标记），当激光的偏振角度为 0°或者180°时，该区域的光电子辐射强度为最大。由于蝶形纳米结构中电子的逸出过程为三光子光电子辐射过程，其光电子产额 Y 与 $\cos^6\theta$ 成正比，其中 θ 为脉冲激光的偏振角度。当激光的偏振角在 $0°\sim\pm30°$ 范围内变化时，光电子辐射强度变化灵敏。而对于左三角的上下两底角（圆圈及三角标记），只有当激光偏振角分别为 $30°$（$210°$）和 $150°$（$330°$）时，这两区域的热点强度才分别达到最大。同样在其 $\pm30°$ 范围内变化时，热点的强度变化幅度较敏感。此外，还可以得到在 s 偏振光的激发下即当激光偏振角为 $90°$ 或者 $270°$ 时，3 个区域的光电子辐射强度最小。当激光偏振角度为 $0°$ 或 $180°$ 时，此时电场的水平分量与图 5-9（b）中虚线 1 平行，热点的最强区域出现在 ROI 1 区域；当激光偏振角度为 $30°$ 或 $210°$ 时，此时电场水平分量与虚线 2 平行，热点的最强区域出现在图中 ROI 2 的区域；当激光偏振角度为 $150°$ 或 $330°$ 时，激光偏振在水平方向的投影与图中虚线 3 平行，此时最强的光电子辐射出现在 ROI 3 区域。总之，对于蝶形纳米结构而言，可以通过改变入射激光的偏振方向实现其等离激元局域近场在 3 个不同区域的开关控制。

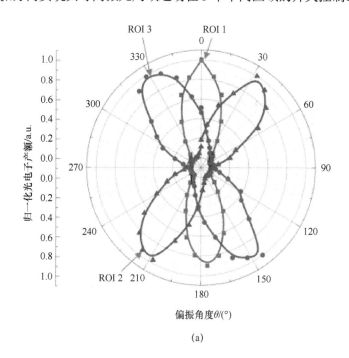

(a)

103

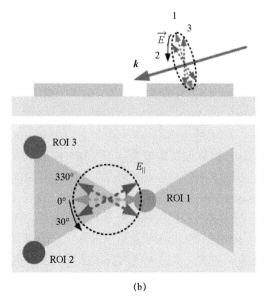

(b)

图 5-9　蝶形纳米结构光电子产额与偏振角度关系

（a）不同区域的光辐射电子强度随激光偏振角度的变化关系；

（b）飞秒激光激发样品的侧视图和俯视图。

　　为了更好地理解蝶形纳米结构的等离激元分布的控制，使用 FDTD 对其控制过程进行模拟计算。图 5-10（a）与图 5-10（b）分别为波长 800 nm 的 p 偏振和 s 偏振光场斜入射激发蝶形纳米结构的等离激元电场分布示意图。图 5-10（c）与图 5-10（d）所示为与之相对应的电荷分布示意图。从图可以得到，p 偏振态光场激发下，最强的电场集中在右纳米三角的顶角处（虚线圆标注）；两个较弱的电场局域在左三角纳米的底角位置处（虚线圆标注），而右纳米三角的底角几乎没有电场分布。s 偏振态光场激发下，右纳米三角顶角位置的电场消失，纳米结构的等离激元电场主要集中在左纳米三角的底角位置。模拟结果与之前的实验结果能够很好地符合。从纳米结构的电荷分布可知，800 nm 光场激发下其电场分布为多极等离激元振荡。从图 5-10（c）与图 5-10（d）可以看出，纳米三角的两腰位置有电荷分布，并且很好地解释了实验中观察到左纳米三角两腰位置的热点分布。此外，p 偏振态下纳米结构等离激元电场强度显然大于 s 偏振态下的情况。

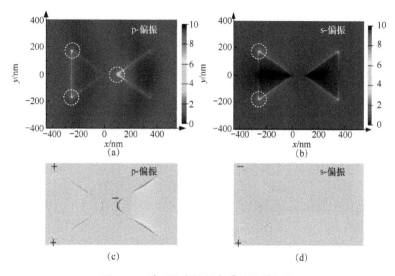

图 5.10　蝶形纳米结构光学近场模拟图

（a）p 偏振光场激发蝶形纳米结构的等离激元电场分布示意图；（b）s 偏振光场激发蝶形纳米
结构的等离激元电场分布示意图；（c）p 偏振光场激发蝶形纳米结构的电荷分布
示意图；（d）s 偏振光场激发蝶形纳米结构的电荷分布示意图。

　　从上面的模拟计算结果可以得到，p 偏振态光场与 s 偏振态光场激发金蝶形纳米结构产生等离激元电场的分布位置以及强度不同。为了进一步确认实验中所得到的蝶形纳米结构等离激元电场分布与激发光场偏振角度的变化关系，给出了模拟计算的 6 个不同偏振方向下的斜入射光场激发纳米结构时所获得的等离激元电场的分布，如图 5-11 所示。从图中可以得出，不同偏振角度的光场激发纳米结构产生的电场分布并不相同，同一区域的电场强度随着光场偏振方向变化而变化。当偏振角度从 0°变化到 90°时，纳米结构最强电场分布是从右三角的顶角逐渐变化到左三角的下底角。此外，左三角的上底角电场按照存在到消失再到存在的规律变化，在这个过程中，电场强度始终较弱。当继续改变光场的偏振角度从 90°逐渐变化到 180°即光场的偏振态从 s 偏振态回到 p 偏振态这个过程中，纳米结构电场分布按照以下关系变化，左纳米三角上底角电场强度逐渐增加到最大，然后开始减小，左纳米三角下底角电场强度始终较弱，而右纳米三角顶角的电场强度随着偏振角度的变化逐渐增加到最大。图 5-11 所示的模拟得到的蝶形纳米结构等离激元电场分布与激发光场的偏振方向变化关系与图 5-8 所示的实验结果非常吻合。

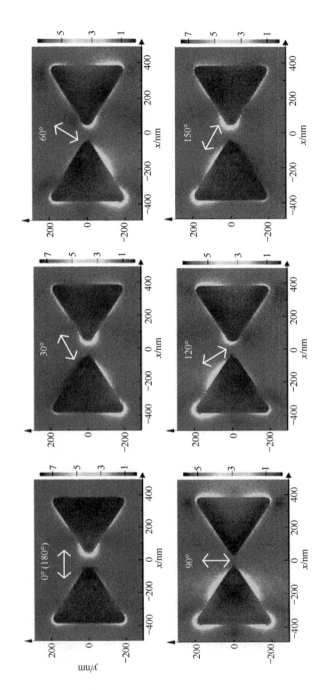

图 5-11　一系列不同偏振角度的光场激发蝶形纳米结构的等离元电场分布

（光场的偏振角度从 0°变化到 180°，角度变化的步长为 30°）

5.2.4 不同偏振角度的光场激发纳米结构的电场分布定性解释

进一步，可利用 s、p 偏振光条件下所获得的电荷分布对不同偏振角度的光场激发纳米结构产生的电场分布定性解释。对于纳米结构等离激元场与激光偏振角度的变化关系作了以下的定性解释。p 偏振光在激光的入射面内，s 偏振光与激光的入射面垂直，对于任意偏振角度光脉冲激发纳米结构产生的等离激元电场 $E(r,t,\theta)$，可以认为是由 p 偏振光产生的等离激元电场 $E_p(r,t)$ 与 s 偏振光产生的等离激元电场 $E_s(r,t)$ 的线性矢量叠加，即

$$E(r,t,\theta) = E_p(r,t)\cos\theta + E_s(r,t)\sin\theta \qquad (5-1)$$

如果入射激光的偏振角度 $\theta=30°$，蝶形纳米结构产生的等离激元电场 $E_{\pi/6} = \dfrac{\sqrt{3}}{2}E_p + \dfrac{1}{2}E_s$，$z$ 分量电场的电荷在左纳米三角的下底角相长而在上底角相消。而入射激光的偏振角度变为 $\theta=150°$，蝶形纳米结构产生的等离激元电场 $E_{5\pi/6} = \dfrac{\sqrt{3}}{2}E_p - \dfrac{1}{2}E_s$，$z$ 分量电场的电荷在左纳米三角的上底角相长而在下底角相消。基于图 5-10（c）与图 5-10（d）所示的电荷分布，图 5-12 给出了直观的线性叠加原理示意图。从图 5-12（c）与图 5-12（f）可以看到，电场主要集中在左纳米三角的两底角区域，并且当激发光场的偏振角度从 30°变化为 150°时，电场从左纳米三角的下底角调控到其上底角区域。

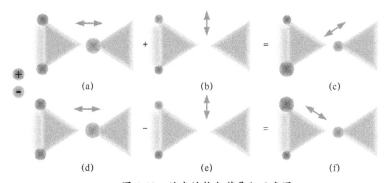

图 5-12　纳米结构电荷叠加示意图

（a）、（d）相同为 p 偏振光场激发下的电荷分布；（b）、（e）相同为 s 偏振光场激发下的电荷分布；
（c）、（f）分别对应光场偏振角度为 30°以及 150°激发下的电荷分布。

5.2.5　两束正交光脉冲的相对延时对超快等离激元的控制研究

通过改变单束激光的偏振角度对蝶形纳米结构的等离激元局域近场实现了开关比的主动控制。另外，采用改变两束飞秒光脉冲相对延时的方法同样可对等离激元局域近场进行控制。因此，使用图 5-6 所示的系统进一步对金蝶形纳米结构产生的等离激元进行相干控制研究。在实验中，两束脉冲的相对延时通过放置在一条光束中的压电陶瓷平移台进行改变，通过改变两束不同偏振方向超快激光脉冲的相对延时实现对超快等离激元的主动控制。

在开展两束激光主动控制等离激元场的实验之前，需要找到两束不同偏振方向飞秒光脉冲的相对延时零点。在第 3 章建立的两束同一偏振方向光脉冲的延时零点设定方法的基础上，在干涉仪的两臂光路中同时插入宽带半波片来改变激光的偏振方向。利用插入的半波片控制两束光的偏振方向，当两者偏振方向一致时，可获得两束光相对延时零点。然后，旋转其中的一个半波片，使两束光的偏振方向正交。在此过程中，两臂光路的光程差未发生变化，这样获得了两束正交光的时间差为零。在此基础上，调节位于其中一条光路中的平移台的位置，获得两束不同偏振方向脉冲光的延时。

图 5-13 所示为两束相互正交的飞秒光脉冲激发金蝶形纳米结构的示意图，其中，一束为 p 偏振光脉冲，另一束为 s 偏振光脉冲。图 5-14 给出了两束相互正交脉冲在不同相对延时下蝶形纳米结构等离激元分布的实验结果。从图中可以看出，当两束脉冲的相对延时按照 1.33 fs 的整数倍变化时，纳米结构表面的热点位置以及强度基本不发生改变。而当两脉冲的相对延时变化 0.67 fs 时，左纳米三角的两底角的热点强度发生明显的变化。特别地，当两束脉冲的相对延时从-0.67 fs 变化到 0.67 fs，即两脉冲的相对相位变化 π 时，蝶形纳米结构左纳米三角的热点位置彻底发生了改变，从其下底角移动到上底角位置，实现了对纳米结构不同位置处光电子辐射强度的调控。由此可见，选择两束正交脉冲且在合适的相对延时条件下可以使金蝶形纳米结构产生的热点位置以及强度发生变化，进而实现纳米结构的超快等离激元的控制。需要指出的是，在以上实验中，对左纳米三角两底角位置处等离激元实现了阿秒时间精度

（670 as）的控制。

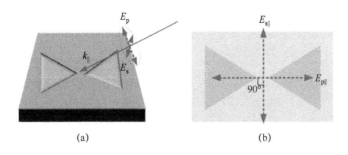

图 5-13　两束相互正交的飞秒激光激发蝶形纳米结构的示意图

对于上述纳米结构局域等离激元场分布的相干控制现象，分析原因如下：由光的干涉条件可以知道，两束偏振方向相互垂直的脉冲在远场不能产生干涉现象。而这两束偏振光相互垂直脉冲激发蝶形纳米结构各自产生的等离激元场不再垂直，因此在左纳米三角会产生干涉现象。当两束脉冲的相对位相发生改变时，左纳米三角两底角位置处的等离激元场产生相长或相消的干涉现象。等离激元场相长干涉导致热点变亮，等离激元场相消干涉导致热点变暗。值得注意的是，无论两脉冲的相对延时为多少，右纳米三角顶角位置的热点强度几乎没变化。由前面的实验结果可知，此区域的等离激元场只有 p 偏振光才可以激发而 s 偏振光不可以激发，因此，此位置的等离激元场不产生干涉现象。从图 5-14 中也可以观察到，右纳米三角顶角的等离激元场几乎不受两束正交脉冲相对延时变化的影响。由此可见，通过改变两束正交脉冲的相对延时，在蝶形纳米结构的表面实现了对超快等离激元的相干控制。

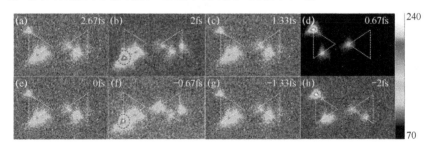

图 5-14　不同相对延时下的两束正交飞秒激光脉冲激发金蝶形纳米结构的热点分布

109

同样，对用相对延时的两束正交的光场激发蝶形纳米结构形成等离激元场控制过程进行了数值模拟。图 5-15 所示为垂直偏振双光束辐照结构示意图。模拟实验条件，两束相互正交的光场的偏振方向分别为 p 与 s，光场入射方向与 z 轴成 65°。

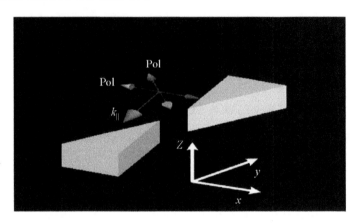

图 5-15　两束相互正交的光场辐照蝶形纳米结构示意图

$k_{//}$—激光入射方向；Pol—激光偏振方向。

在模拟计算过程中，主要通过改变两束光脉冲的相对延时对蝶形纳米结构形成等离激元的电场特性进行模拟。光场的波长为 800 nm，相对延时从-0.67 fs 变化为 0.67 fs 时，即两光场的相对相位改变 π 时纳米结构的等离激元电场分布的变化结果如图 5-16 所示。从图中可以得到，当两脉冲间的延时为 0 fs 时，纳米结构的电场主要集中在左纳米三角的两底角以及右纳米三角的顶角位置，且这 3 个位置的电场强度非常弱。当两脉冲的延时为 0.67 fs 时，纳米结构的电场主要分布在左纳米三角的上底角（图 5-16（a）中由虚线圆圈所示的位置）。当两脉冲的延时变为-0.67 fs 时，纳米结构的电场转移到左纳米三角的下底角以及右纳米三角的顶角位置（图 5-16（c）中由虚线圆圈所示的位置）。由此可见，当两束正交脉冲的延时从-0.67 fs 变化为 0.67 fs 时，纳米结构最强的电场从左纳米三角的下底角移动到上底角。图 5-16 中所给出的模拟结果与图 5-14 中所获得的实验结果完全吻合。

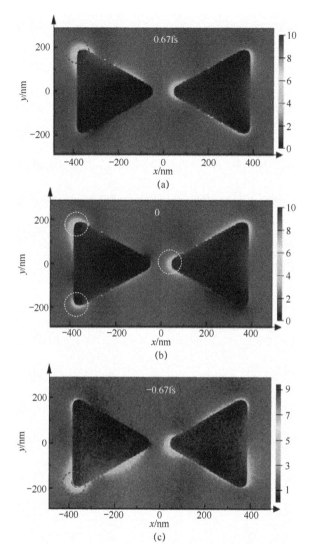

图 5-16　不同延时的两束相互正交的光场辐照蝶形纳米结构的等离激元电场分布

　　此外，模拟计算了两束相互正交的光场相对相位改变 π 时，一系列不同波长光激发蝶形纳米结构的等离激元电场分布，如图 5-17 所示。纳米三角的边长为 200 nm，间隙为 30 nm。激光入射方向与样品表面成 25°且激光入射方向的水平矢量为从上到下。从图中可以明显地观察到，不同波长光场激发纳米结构的共同特点为，当两束相互正交的光场相对相位改变 π 时，蝶形纳米结构下纳米三角的电场分布从右底角位置改变到左底角位置。

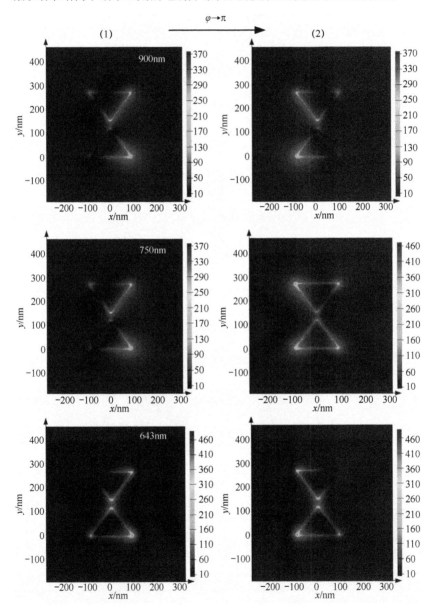

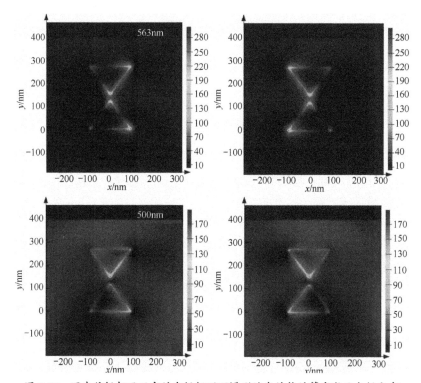

图 5-17　两束偏振相互正交的光场辐照下蝶形纳米结构的等离激元电场分布

(1) 两束偏振正交光相对相位延迟为 0；(2) 两束偏振正交光相对相位延迟变为 π

((1) 图右上角显示了激发波长)。

线性麦克斯韦方程组可以描述入射激光脉冲与纳米结构的相互作用。本实验中，入射脉冲是由两束相互正交的 p 偏振光与 s 偏振光组成。单束电场强度是受光振幅 $\sqrt{I_i(\omega)}$ 与光相位 $\varphi_i(\omega)$ 影响的，有

$$E_i^{\mathrm{in}}(\omega) = \sqrt{I_i(\omega)} \exp[\mathrm{i}\varphi_i(\omega)] \qquad i = \mathrm{p,s} \qquad (5\text{-}2)$$

这里，引入一个放大因子 $A^{(i)}(r,\omega)$ 表征被激光激发产生局域场的大小。总的局域场是 p 偏振与 s 偏振产生的局域场的矢量叠加，即

$$E(r,\omega) = A^{(\mathrm{p})}(r,\omega)\sqrt{I_{\mathrm{p}}(\omega)} \exp[\mathrm{i}\varphi_{\mathrm{p}}(\omega)] + A^{(\mathrm{s})}(r,\omega)\sqrt{I_{\mathrm{s}}(\omega)} \exp[\mathrm{i}\varphi_{\mathrm{s}}(\omega)]$$

$$(5\text{-}3)$$

为了更好地说明入射脉冲对金属纳米结构产生局域场的影响，对式（5-3）进行变形，得到

$$E(\boldsymbol{r}, \omega) = \left\{ A^{(p)}(\boldsymbol{r}, \omega) \sqrt{I_p(\omega)} + A^{(s)}(\boldsymbol{r}, \omega) \sqrt{I_s(\omega)} \exp[-i\phi(\omega)] \right\} \times \exp[i\varphi_p(\omega)]$$

$$(5\text{-}4)$$

式中：$\phi(\omega) = \varphi_p(\omega) - \varphi_s(\omega)$，此项正好是两正交脉冲的相对位相差。

局域相位度变化可表示为

$$I(\boldsymbol{r}, \omega) = I_p(\boldsymbol{r}, \omega) \left| A^{(p)}(\boldsymbol{r}, \omega) \right|^2 + I_s(\boldsymbol{r}, \omega) \left| A^{(s)}(\boldsymbol{r}, \omega) \right|^2$$
$$+ 2\sqrt{I_p(\omega) I_s(\omega)} \mathrm{Re}\left\{ A_{\mathrm{mix}}(\boldsymbol{r}, \omega) \exp[i\phi(\omega)] \right\}$$

$$(5\text{-}5)$$

式中：$I(\boldsymbol{r}, \omega)$ 为局域场强度（V/m）；$A_{\mathrm{mix}}(\boldsymbol{r}, \omega) = \left| A_{\mathrm{mix}}(\boldsymbol{r}, \omega) \right| \exp[i\theta_{\mathrm{mix}}(\boldsymbol{r}, \omega)]$ 为两近场模式振幅与相位的复标量积。从式（5-5）可以看出，当改变两束脉冲的相对位相差时，局域场强度也随之变化。对于某一位置而言，当 $\phi(\omega) = -\theta_{\mathrm{mix}}(\omega)$ 时，近场的干涉项为正值，近场强度为最大；当 $\phi(\omega) = -\theta_{\mathrm{mix}}(\omega) - \pi$ 时，近场的干涉项为负值，近场强度为最小。当两束正交脉冲的相对相位改变 π 时，在纳米结构 $\boldsymbol{r}$ 位置产生的局域场强度由最大变化为最小或者从最小变化到最大。对于图 5-14 而言，相对延时从 -0.67 fs 变为 0.67 fs 即相对位相变化了 π，左纳米三角上底角的热点从亮变化为暗，下底角的热点从暗变化为亮。

而两底角的热点亮暗变化为什么出现相反的现象，正如实验中观察到两底角的热点是一亮一暗变化的，下面同样对该现象做了理论说明。使用帕斯维尔定理定义了局域线通量来说明总局域场强度与相对相位差的变化关系，即为

$$F_{\mathrm{lin}}(\boldsymbol{r}) = \int_{-\infty}^{\infty} E^2(\boldsymbol{r}, t) \mathrm{d}t = \frac{1}{2\pi} \int_{\omega_{\min}}^{\omega_{\max}} I(\boldsymbol{r}, \omega) \mathrm{d}\omega = \frac{\delta\omega}{2\pi} \sum_{\omega=\omega_{\min}}^{\omega_{\max}} \left| E(\boldsymbol{r}, \omega) \right|^2 \quad (5\text{-}6)$$

在下面的讨论中，$\dfrac{\delta\omega}{2\pi}$ 对线通量变化无任何影响，可以省略。两区域的局域线通量可以表示为

$$f_{\mathrm{lin}} = F_{\mathrm{lin}}(\boldsymbol{r}_1) - F_{\mathrm{lin}}(\boldsymbol{r}_2) = \sum_{\omega=\omega_{\min}}^{\omega_{\max}} \left| E(\boldsymbol{r}_1, \omega) \right|^2 - \sum_{\omega=\omega_{\min}}^{\omega_{\max}} \left| E(\boldsymbol{r}_2, \omega) \right|^2$$

$$= \sum_{\omega=\omega_{\min}}^{\omega_{\max}} \left(I_p(\omega) C_p(\omega) + I_s(\omega) C_s(\omega) + 2\sqrt{I_p(\omega) I_s(\omega)} .. \right.$$

$$.. \left\{ \left| A_{\mathrm{mix}}(\boldsymbol{r}_1, \omega) \right| \cos[\theta_{\mathrm{mix}}(\boldsymbol{r}_1, \omega) + \phi(\omega)] - \left| A_{\mathrm{mix}}(\boldsymbol{r}_2, \omega) \right| \cos[\theta_{\mathrm{mix}}(\boldsymbol{r}_2, \omega) + \phi(\omega)] \right\} \right)$$

$$(5\text{-}7)$$

式中：$C_i(\omega) = \left|A^{(i)}(\boldsymbol{r}_1,\omega)\right|^2 - \left|A^{(i)}(\boldsymbol{r}_2,\omega)\right|^2, i = \mathrm{p,s}$

上述函数是由基本初等三角函数构成，若令它的一阶导函数为零，则所对应点的位置即为该函数的最值，即

$$\frac{\delta}{\delta\phi(\omega)}f_{\mathrm{lin}} = \sum_{\omega=\omega_{\min}}^{\omega_{\max}} g_{\mathrm{lin}}(\omega) = 0 \tag{5-8}$$

$$\begin{aligned} g_{\mathrm{lin}}(\omega) = 2\sqrt{I_{\mathrm{p}}(\omega)I_{\mathrm{s}}(\omega)}\Big\{&-\left|A_{\mathrm{mix}}(\boldsymbol{r}_1,\omega)\right|\sin\left[\theta_{\mathrm{mix}}(\boldsymbol{r}_1,\omega)+\phi(\omega)\right] \\ &+\left|A_{\mathrm{mix}}(\boldsymbol{r}_2,\omega)\right|\sin\left[\theta_{\mathrm{mix}}(\boldsymbol{r}_2,\omega)+\phi(\omega)\right]\Big\} = 0 \end{aligned} \tag{5-9}$$

则

$$\tan\phi(\omega) = \frac{\begin{array}{l}\left|A_{\mathrm{mix}}(\boldsymbol{r}_2,\omega)\right|\sin\left[\theta_{\mathrm{mix}}(\boldsymbol{r}_2,\omega)+\phi(\omega)\right] \\ -\left|A_{\mathrm{mix}}(\boldsymbol{r}_1,\omega)\right|\sin\left[\theta_{\mathrm{mix}}(\boldsymbol{r}_1,\omega)+\phi(\omega)\right]\end{array}}{\begin{array}{l}\left|A_{\mathrm{mix}}(\boldsymbol{r}_1,\omega)\right|\cos\left[\theta_{\mathrm{mix}}(\boldsymbol{r}_1,\omega)+\phi(\omega)\right] \\ -\left|A_{\mathrm{mix}}(\boldsymbol{r}_2,\omega)\right|\cos\left[\theta_{\mathrm{mix}}(\boldsymbol{r}_2,\omega)+\phi(\omega)\right]\end{array}} \tag{5-10}$$

这里，考虑分母不存在的特殊情况，这时 $\phi(\omega) = \dfrac{\pi}{2}$ 或者 $\phi(\omega) = -\dfrac{\pi}{2}$。因为这两点的一阶导函数为零，通过对比这两点对应的函数值或者二阶导数值，可以得出这两点为线通量函数的最大值与最小值点。而线性通量函数反映了局域场强度的变化，当两正交脉冲的相对相位从 $-\dfrac{\pi}{2}$ 变化为 $\dfrac{\pi}{2}$ 时，这两点所对应的局域场强度之差也发生相应的变化，从最小变化为最大，与实验结果相符。

5.2.6　两束非正交光脉冲的相对延时对超快等离激元的控制研究

在上面的实验中，对左纳米三角两底角位置的等离激元实现了阿秒时间精度的控制。问题是能否进一步对纳米结构其他位置处等离激元同样实现阿秒时间精度的主动控制。为此，改变马赫–曾德尔干涉仪中两束脉冲的偏振方向，使之分别变为 p 偏振与 60°偏振（图 5-18），研究了不同延时下这两束非正交光脉冲激发蝶形纳米结构的等离激元场分布。图 5-18 所示为两束非正交飞秒激光束激发金蝶形纳米结构的光路示意图，其中一束为 p 偏振激光脉冲，另一束光脉冲的偏振角度为 60°。图 5-19 给出了一

系列不同延时的蝶形纳米结构表面等离激元场分布的 PEEM 成像图。从图中可以看出，当两束脉冲的相对延时从 0.67 fs（−2 fs）变化到 1.33 fs（−1.33 fs）时，即相对相位变化 π/2，左纳米三角的热点位置发生了明显的改变，从上底角位置变化到下腰的位置（见图 15-19 中虚线圆圈所示）；右纳米三角的热点位置并不发生改变但强度增加。当两束脉冲的相对延时从 2 fs（−0.67 fs）变化到 2.67 fs（0 fs）时，即相对位相也变化 π/2 时，左纳米三角上底角的热点（见图 15-19 中虚圆圈所示）呈现从暗到亮的变化，下腰以及右纳米三角的热点亮度几乎没有变化。此外，还可以看到当两束脉冲相对延时从 1.33 fs（−1.33 fs）变化为 2.67 fs（0 fs）时，即相位变化 π 时，纳米结构的热点位置以及强度都发生了显著的变化，左纳米三角的热点位置从其下腰变化到上底角的位置；右纳米三角下腰处的热点强度显著减弱。当两束脉冲的延时从 0.67 fs（−2 fs）变化为 2 fs（−0.67 fs）时，同样相对位相改变 π 时，纳米结构产生的几处热点几乎都消失。由此可见，蝶形纳米结构的等离激元场分布相对于非垂直两束脉冲的延时变化较为敏感。同样，在以上的实验中，对左纳米三角上底角以及下腰位置处等离激元实现了阿秒时间精度（330 as）的控制。

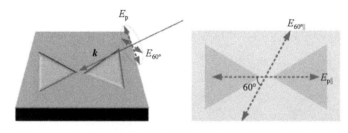

图 5-18　两束不同偏振角度的飞秒激光激发蝶形纳米结构的示意图

当使用上述两束不同偏振方向的飞秒激光作为激发源激发样品时，两束脉冲在远场的相长干涉以及相消干涉对蝶形纳米结构的等离激元场的强弱影响较大。当两束脉冲为相长干涉时，干涉区域激光强度增加导致纳米结构的等离激元场较强；当两束脉冲为相消干涉时，由于干涉区域激光强度弱，纳米结构产生的等离激元场较弱。如图 5-19 所示，PEEM 图像背景颜色较深的情况对应于相长干涉条件，图像背景颜色较浅的情况对应于相消干涉条件。相长干涉的两束脉冲激发样品产生的热点强度远大于相消干涉的情况。此外，这两束光脉冲激发纳米结构各自产生的等离激元场同样存在干涉。对于某一位置的热点而言，如果等离激元场在该位置表现为相长干涉，其热点强度增加；如果等离激元场在该位置表现为相消干涉，其热点强度减少。两束光脉冲的远场干涉以及等离激元场干涉这两方面共同决定纳米结构的等离激元场分布。

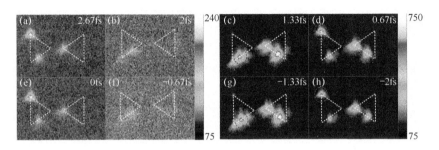

图 5-19　不同延时下两束非正交飞秒光脉冲激发金蝶形纳米结构的热点分布

以上通过改变两束脉冲的相对延时的两种情况（正交双脉冲以及非正交双脉冲），均实现了纳米结构所形成的超快等离激元的主动控制，这两种方法都可以达到阿秒超快时间精度控制纳米结构等离激元的分布。对于纳米结构等离激元分布位置的控制可以看出，两束非正交脉冲情况下的近场转移（图 5-19）所需的时间步长仅为 330 as，其控制的时间精度远高于两束正交脉冲（图 5-14）的时间精度为 670 as 的情况。此外，纳米结构在两束非正交脉冲激发下，由于同时存在激光远场以及所激发的近场两种干涉，蝶形结构中等离激元场的控制过程更加丰富，即除了可以对左纳米三角上底角实现主动控制外，还可对下腰位置热点分布实现控制。

5.3　小结

本章首先对超快光脉冲激发银方块结构产生的超快等离激元的特性进行了研究；然后对 7 fs 脉冲宽度的激光作用金蝶形纳米结构产生的超快等离激元的特性进行了研究。通过改变单束飞秒激光脉冲的偏振方向以及两束偏振方向相交的飞秒激光脉冲的相对延时的两种不同方法，实现了对蝶形纳米结构样品的超快等离激元的主动控制，其主要结果如下。

（1）当入射的皮秒激光脉冲为 p 偏振态时，银方块样品中等离激元场分布（热点）主要集中在每个银方块的左侧迎光棱边上；当将入射的皮秒激光脉冲变为 s 偏振态时，热点移至银方块的上、下两侧棱边上。

（2）采用改变入射线偏振飞秒光脉冲的偏振方向可实现蝶形结构中等离激元场（热点）的分布。实验结果表明，当入射飞秒激光的偏振方向从 30°旋转到 120°时，蝶形纳米结构的热点从左纳米三角的下底角变化到左纳米三角的上底角。

（3）采用两束正交飞秒激光脉冲进行超快等离激元相干控制的实验结果表明，当两束光的延时变化步长为 0.67 fs 时，热点在蝶形的三角形中的位置分布已发生明显的变化，其时间控制精度可达亚飞秒量级。特别是，两脉冲的相对延时从 –0.67 fs 变化为 0.67 fs，蝶形纳米结构的热点从左纳米三角的下底角变化到了上底角位置。

（4）采用两束非正交飞秒激光脉冲（一束为 p 偏振，另一束相对 p 偏振逆时针方向旋转 60°）进行超快等离激元相干控制的实验结果表明，当两束光的延时变化步长为 0.67 fs 时，热点在蝶形的三角形中的位置分布已发生明显的变化，其时间控制精度可达亚飞秒量级。特别是，两脉冲的相对延时从 0.67 fs 变化为 1.33 fs，蝶形纳米结构的热点从左纳米三角的上底角变化到了下腰位置。

（5）本章的实验结果表明，利用时间分辨相干控制 PEEM 技术，可以实现在阿秒时间精度、纳米空间尺度上超快等离激元的控制。

参 考 文 献

[1] Barnes W L, Dereux A, Ebbesen T W. Surface plasmon subwavelength optics[J]. Nature, 2009, 424(6950):824-830.

[2] Steinmann W. Experimental Verification of Radiation of Plasma Oscillations in Thin Silver Films[J]. Phys.rev.lett, 1960, 5(10):470-472.

[3] Hoheisel W, Jungmann K, Vollmer M, et al. Desorption stimulated by laser-induced surface-plasmon excitation[J]. Physical Review Letters, 1988, 60(16):1649-1652.

[4] Raether H. Surface Plasmons on Smooth and Rough Surfaces and on Gratings[J]. Springer Tracts in Modern Physics, 1988, 111(1):1-133.

[5] 童廉明, 徐红星. 表面等离激元——机理、应用与展望[J]. 物理, 2012, 41(9).

[6] 李志远, 李家方. 金属纳米结构表面等离子体共振的调控和利用[J]. 科学通报, 2011(32):2631-2661.

[7] http://www.bacatec.de/en/gefoerderte_projekte.html

[8] Fielding H, Shapiro M, Baumert T. Coherent Control[J]. Journal of Physics B Atomic Molecular & Optical Physics, 2008, 41(7):070201.

[9] Sommerfeld A. Ueber die Fortpflanzung elektrodynamischer Wellen längs eines Drahtes[J]. Annalen Der Physik, 2006, 303(2):233-290.

[10] Zenneck J. Über die Fortpflanzung ebener elektromagnetischer Wellen längs einer ebenen Leiterfläche und ihre Beziehung zur drahtlosen Telegraphie[J]. Annalen Der Physik, 1907, 328(10):846-866.

[11] Wood R W. On a Remarkable Case of Uneven Distribution of Light in a Diffraction Grating Spectrum[J]. Proceedings of the Physical Society of London, 1902, 18(1):269-275.

[12] Fano U. The theory of anomalous diffraction gratings and of quasi stationary waves on metallic surfaces (Sommerfeld's waves)[J]. Journal of the Optical Society of America, 1941, 31(3):213-222.

[13] Pines D. Collective Energy Losses in Solids[J]. Review of Modern Physics, 1956, 28(3):184-198.

[14] Fano U. Atomic Theory of Electromagnetic Interactions in Dense Materials[J]. Physical Review, 1956, 103(5):1202-1218.

[15] Ritchie R H. Plasma Losses by Fast Electrons in Thin Films[J]. Physical Review, 1957, 106(5):874-881.

[16] Powell C J, Swan J B. Origin of the Characteristic Electron Energy Losses in Aluminum[J]. Physical Review, 1959, 115(4):869-875.

[17] Catchpole K R, Polman A. Design principles for particle plasmon enhanced solar cells[J]. Applied Physics Letters, 2008, 93(19):191113-191113(3).

[18] Zayats A V, Smolyaninov I I, Maradudin A A. Nano-optics of surface plasmon polaritons[J]. Physics Reports, 2005, 408(s 3–4):131-314.

[19] Homola J, Yee S S, Gauglitz G. Surface plasmon resonance sensors[J]. Sensors & Actuators B, 1999.

[20] Homola J. Surface plasmon resonance sensors for detection of chemical and biological species[J]. Chemical Reviews, 2008, 108(108):462-93.

[21] Berini P, Leon I D. Surface plasmon-polariton amplifiers and lasers[J]. Nature Photonics, 2011, 6:16-24.

[22] Brolo A G, Arctander E, Gordon R, et al. Nanohole-enhanced Raman scattering[J]. Nano Letters, 2004, 4(10):2015-2018.

[23] Krenn J R, Lamprecht B, Ditlbacher H, et al. Non–diffraction-limited light transport by gold nanowires[J]. Epl, 2002, 607945(5):663-669.

[24] Atwater H A. The Promise of Plasmonics[J]. Acm Sigda Newsletter, 2007, 296(4):56-63.

[25] Bergman D J, Stockman M I. Surface plasmon amplification by stimulated emission of radiation: quantum generation of coherent surface plasmons in nanosystems[J]. Physical Review Letters, 2003, 90(2):027402.

[26] Stockman M I. Spasers explained[J]. Nature Photonics, 2008, 2(6):327-329.

[27] Sorger V J, Zhang X. Spotlight on Plasmon Lasers[J]. Science, 2011, 333(6043):709-10.

[28] Min H, Jingyi C, Zhi-Yuan L, et al. Gold Nanostructures: Engineering Their Plasmonic Properties for Biomedical Applications[J]. Cheminform, 2007, 38(8):1084-1094.

[29] Nie S, Emory S R. Probing single molecules and single nanoparticles by surface-enhanced raman scattering[J]. Science, 1999, 275(5303):1102-6.

[30] Claire M. Cobley, Rycenga M, Zhou F, et al. Etching and Growth: An Intertwined Pathway to Silver Nanocrystals with Exotic Shapes[J]. Angewandte Chemie International Edition, 2009, 48(26):4824-7.

[31] Zhi-Yuan L, Younan X. Metal Nanoparticles with Gain toward Single-Molecule Detection by Surface-Enhanced Raman Scattering[J]. Nano Letters, 2010, 10(1):243-9.

[32] Kneipp K, Kneipp H, Itzkan I, et al. TOPICAL REVIEW: Surface-enhanced Raman scattering and biophysics[J]. Journal of Physics Condensed Matter, 2002, 14(18):597-624.

[33] Grubisha D S, Lipert R J, Hye-Young P, et al. Femtomolar detection of prostate-specific antigen: an immunoassay based on surface-enhanced Raman scattering and immunogold labels[J]. Analytical Chemistry, 2003, 75(21):5936-5943.

[34] Kneipp K, Kneipp H, Kartha V B, et al. Detection and identification of a single DNA base molecule using surface-enhanced Raman scattering (SERS)[J]. Physical Review E Statistical Physics Plasmas Fluids & Related Interdisciplinary Topics, 1998, 57(57):6281-6284.

[35] Doering W E, Shuming N. Spectroscopic tags using dye-embedded nanoparticles and surface-enhanced Raman scattering[J]. Analytical Chemistry, 2003, 75(22):6171-6176.

[36] Ke M, Yuen J M, Shah N C, et al. In Vivo, Transcutaneous Glucose Sensing Using Surface-Enhanced Spatially Offset Raman Spectroscopy: Multiple Rats, Improved Hypoglycemic Accuracy, Low Incident Power, and Continuous Monitoring for Greater than 17 Days[J]. Analytical Chemistry, 2011, 83(23):9146-9152.

[37] Li J F, Huang Y F, Ding Y, et al. Shell-isolated nanoparticle-enhanced Raman spectroscopy[J].Nature, 2010, 464(7287):392-395.

[38] Atwater H A, Polman A. Plasmonics for improved photovoltaic devices[J]. Nature Materials, 2010, 9(3):205-213.

[39] Sagle L B, Ruvuna L K, Ruemmele J A, et al. Advances in localized surface plasmon resonance spectroscopy biosensing[J]. Nanomedicine, 2011, 6(8):1447-62.

[40] Mayer K M, Feng H, Seunghyun L, et al. A single molecule immunoassay by localized surface plasmon resonance[J]. Nanotechnology, 2010, 21(25):255503.

[41] Larsson E M, Christoph L, Igor Z, et al. Nanoplasmonic probes of catalytic reactions[J]. Science, 2009, 326(5956):1091-1094.

[42] Novotny L, Hafner C. Light propagation in a cylindrical waveguide with a complex, metallic, dielectric function[J]. Physical Review E Statistical Physics Plasmas Fluids & Related Interdisciplinary Topics, 1994, 50(5):4094-4106.

[43] Takahara J, Yamagishi S, Taki H, et al. Guiding of a one-dimensional optical beam with nanometer diameter[J]. Optics Letters, 1997, 22(7):475-7.

[44] Pala R A, Shimizu K T, Melosh N A, et al. A nonvolatile plasmonic switch employing photochromic molecules[J]. Nano Letters, 2008, 8(5):1506-10.

[45] Palomba S, Novotny L. Nonlinear excitation of surface plasmon polaritons by four-wave mixing[J]. Physical Review Letters, 2008, 101(5):1603-1606.

[46] Krasavin A V, Zayats A V, Zheludev N I. Active control of surface plasmon–polariton waves[J]. Journal of Optics A Pure & Applied Optics, 2005, 7(2):85-89.

[47] MacDonald K F, Sámson Z L, Stockman M I, et al. Ultrafast active plasmonics[J]. Nature Photonics, 2009, 3(1):55-58.

[48] Ekmel O. Plasmonics: merging photonics and electronics at nanoscale dimensions[J]. Science, 2006, 311(5758):189-193.

[49] Maier S A. Plasmonics: Metal Nanostructures for Subwavelength Photonic Devices[J]. Selected Topics in Quantum Electronics IEEE Journal of, 2006, 12(6):1214-1220.

[50] Rewitz C, Keitzl T, Tuchscherer P, et al. Ultrafast Plasmon Propagation in Nanowires Characterized by Far-Field Spectral Interferometry[J]. Nano Letters, 2011, 12(1):45-9.

[51] Cao L, Nome R A, Montgomery J M, et al. Controlling Plasmonic Wave Packets in Silver Nanowires[J]. Nano Letters, 2010, 10(9):3389-94.

[52] Cheng M T, Luo Y Q, Wang P Z, et al. Coherent controlling plasmon transport properties in metal nanowire coupled to quantum dot[J]. Applied Physics Letters, 2010, 97(19):191903-3.

[53] Huang J S, Voronine D V, Tuchscherer P, et al. Deterministic spatiotemporal control of optical fields in nanoantennas and plasmonic circuits[J]. Physical Review B, 2009, 79(19):195441.

[54] Kim S W, Kim S, Park I Y, et al. High Harmonic Generation by Resonant Plasmon Field Enhancement[J]. Nature, 2008, 453(7196):757-760.

[55] Nagatani N, Tanaka R, Yuhi T, et al. Gold nanoparticle-based novel enhancement method for the development of highly sensitive immunochromatographic test strips[J]. Science & Technology of Advanced Materials, 2006, 7(3):270-275.

[56] Anker J N, Paige W H, Olga L, et al. Biosensing with plasmonic nanosensors[J]. Nature Materials, 2008, 7(6):442-53.

[57] Hecht B, Farahani J, Mühlschlegel P, et al. Resonant optical antennas[J]. Science, 2005, 308(5728): 1607-1609.

[58] Kalkbrenner T, Håkanson U, Schädle A, et al. Optical microscopy via spectral modifications of a nanoantenna[J]. Physical Review Letters, 2005, 95(20):200801.

[59] Moerland R J, Taminiau T H, Novotny L, et al. Reversible Polarization Control of Single Photon Emission[J]. Nano Letters, 2008, 8(2):606-610.

[60] Stockman M I, Bergman D J, Kobayashi T. Coherent control of nanoscale localization of ultrafast optical excitation in nanosystems[J]. Physical Review B Condensed Matter, 2003, 20(5):428-433.

[61] Tobias U, Stockman M I, Heberle A P, et al. All-optical control of the ultrafast dynamics of a hybrid plasmonic system[J]. Physical Review Letters, 2010, 104(11): 113903.

[62] Corkum P B. Plasma perspective on strong-field multiphoton ionization. Phys. Rev. Lett. 71, 1994-1997[J]. Physical Review Letters, 1993, 71(13):1994-1997.

[63] Lewenstein M, Balcou P, Ivanov M Y, et al. Theory of high-harmonic generation by low-frequency laser fields[J]. Physical Review A, 1994, 49(3):2117-2132.

[64] Chang Z, Rundquist A, Wang H, et al. Generation of coherent soft X rays at 2.7 nm using high harmonics[J]. Physical Review Letters, 1997, 79(16):2967-2970.

[65] Strickland D, Mourou G. Compression of amplified chirped optical pulses[J]. Optics Communications, 1985, 55(6):219-221.

[66] Seres J, Seres E, Verhoef A J, et al. Laser technology: source of coherent kiloelectronvolt X-rays[J]. Nature, 2005, 433(7026):596.

[67] Park I Y, Kim S, Choi J, et al. Plasmonic generation of ultrashort extreme-ultraviolet light pulses[J]. Nature Photonics, 2011, 5(11):677-681.

[68] Dombi P, Hohenester A, Rácz P, et al. Ultrafast Strong-Field Photoemission from Plasmonic Nanoparticles[J]. Nano letters, 2013, 13(2): 674-678.

[69] Imura K, Nagahara T, Okamoto H. Near-field optical imaging of plasmon modes in gold nanorods[J]. The Journal of chemical physics, 2005, 122(15): 154701.

[70] Ueno K, Juodkazis S, Mizeikis V, et al. Clusters of Closely Spaced Gold Nanoparticles as a Source of Two‐Photon Photoluminescence at Visible Wavelengths[J]. Advanced Materials, 2008, 20(1): 26-30.

[71] Schweikhard V, Grubisic A, Baker T A, et al. Polarization-dependent scanning photoionization microscopy: ultrafast plasmon-mediated electron ejection dynamics in single Au nanorods[J]. ACS nano, 2011, 5(5): 3724-3735.

[72] Kubo A, Onda K, Petek H, et al. Femtosecond imaging of surface plasmon dynamics in a nanostructured silver film[J]. Nano Letters, 2005, 5(6):1123-1127.

[73] Bauer M, Wiemann C, Lange J, et al. Phase propagation of localized surface plasmons probed by time-resolved photoemission electron microscopy[J]. Applied Physics A Materials Science & Processing, 2007, 88(3):473-480.

[74] Sun Q, Ueno K, Yu H, et al. Direct imaging of the near field and dynamics of surface plasmon resonance on gold nanostructures using photoemission electron microscopy[J]. Light Science & Applications, 2013, 2(3):e118.

[75] Mårsell E, Losquin A, Svärd R, et al. Nanoscale Imaging of Local Few-Femtosecond Near-Field Dynamics within a Single Plasmonic Nanoantenna[J]. Nano Letters, 2015, 15(10):6601-6608.

[76] Lorek E, Mårsell E, Losquin A, et al. Size and shape dependent few-cycle near-field dynamics of bowtie nanoantennas[J]. Optics Express, 2015, 23(24): 31460-31471.

[77] Martin A, Michael B, Daniela B, et al. Adaptive subwavelength control of nano-optical fields[J]. Nature, 2007, 446(7133):301-304.

[78] Martin A, Michael B, Daniela B, et al. Spatiotemporal control of nanooptical excitations[J]. Proceedings of the National Academy of Sciences of the United States of America, 2010, 107(12):5329-5333.

[79] Melchior P, Bayer D, Schneider C, et al. Optical near-field interference in the excitation of a bowtie nanoantenna[J]. Physical Review B Condensed Matter, 2011, 83(23):1941-1955.

[80] Aeschlimann M, Bauer M, Bayer D, et al. Optimal open-loop near-field control of plasmonic nanostructures[J]. New Journal of Physics, 2012, 14(16):33030-33039.

[81] Mårsell E, Svärd R, Miranda M, et al. Direct subwavelength imaging and control of near-field localization in individual silver nanocubes[J]. Applied Physics Letters, 2015, 107(20):201111.

[82] Bohren C F, Huffman D R. Absorption and Scattering of Light by Small Particles. John Wiley&Sons, 1983.

[83] Kretschmann E, Raether H. Notizen: Radiative Decay of Non Radiative Surface Plasmons Excited by Light[J]. Zeitschrift Für Naturforschung A, 1968, 23(12):2135-2136.

[84] Otto A. Otto A. Excitation of nonradiative surface plasma waves in silver by method of frustrated total reflection[J]. Zeitschrift Für Physik A Hadrons & Nuclei, 1968, 216(4):398-410.

[85] Hooper I R, Sambles J R. Dispersion of surface plasmon polaritons on short-pitch metal gratings[J]. Physical Review B, 2002, 65(16):165432.

[86] Kano H. Excitation of Surface Plasmon Polaritons by a Focused Laser Beam[J]. Josa B, 2000, 15(4):1381-1386.

[87] Hecht B, Bielefeldt H, Novotny L, et al. Local Excitation, Scattering, and Interference of Surface Plasmons[J]. Physical Review Letters, 1996, 77(9):1889-1892.

[88] Abajo F G D. Interaction of Radiation and Fast Electrons with Clusters of Dielectrics: A Multiple Scattering Approach[J]. Physical Review Letters, 1999, 82(13):2776-2779.

[89] Ninck M, Galler A, Feurer T, et al. Programmable common-path vector field synthesizer for femtosecond pulses[J]. Optics Letters, 2008, 32(23):3379-81.

[90] Wessel J. Surface-enhanced optical microscopy[J]. Journal of the Optical Society of America B, 1985, 2(9):1538-1541.

[91] Mühlschlegel P, Eisler H J, Martin O J F, et al. Resonant optical antennas[J]. Science, 2005, 308(5728):1607-1609.

[92] Xia Y, Halas N J. Shape-Controlled Synthesis and Surface Plasmonic Properties of Metallic Nanostructures[J]. Mrs Bulletin, 2005, 30(5):338-348.

[93] Benjamin W, Yugang S, Younan X. Synthesis of silver nanostructures with controlled shapes and properties[J]. Accounts of Chemical Research, 2007, 39(4):1067-1076.

[94] Knight M W, Heidar S, Peter N, et al. Photodetection with Active Optical Antennas[J]. Science, 2011, 332(6030):702-704.

[95] Celebrano M, Wu X, Baselli M, et al. Mode matching in multiresonant plasmonic nanoantennas for enhanced second harmonic generation[J]. Nature Nanotechnology, 2015, 10(5):412-417.

[96] Anderson A, Deryckx K S, Xu X G, et al. Few-Femtosecond Plasmon Dephasing of a Single Metallic Nanostructure from Optical Response Function Reconstruction by Interferometric Frequency Resolved Optical Gating[J]. Nano Letters, 2010, 10(7):2519-2524.

[97] Tobias H, Julijan C, Vanessa K, et al. Tailoring spatiotemporal light confinement in single plasmonic nanoantennas[J]. Nano Letters, 2012, 12(2):992-996.

[98] Dombi P, Irvine S E, Rácz P, et al. Observation of few-cycle, strong-field phenomena in surface plasmon fields[J]. Optics Express, 2010, 18(23):24206-24212.

[99] Piglosiewicz B, Schmidt S, Park D J, et al. Carrier-envelope phase effects on the strong-field photoemission ofelectrons from metallic nanostructures[J]. Nature Photonics, 2013, 7(11):37-42.

[100] Diels J C, Rudolph W. Ultrashort laser pulse phenomena. California: Academic Press, San Diego, 1996.

[101] Kafka J D, Baer T. Prism-pair dispersive delay lines in optical pulse compression[J]. Optics Letters, 1987, 12(6):401-403.

[102] 张志刚. 飞秒激光技术[M]. 北京：科学出版社, 2011.

[103] Riviere J C. The work function of gold[J]. Applied Physics Letters, 1966, 8(7):172-172.

[104] Klaer P, Razinskas G, Lehr M, et al. Polarization dependence of plasmonic near-field enhanced photoemission from cross antennas[J]. Applied Physics B, 2016, 122(5): 1-7.

[105] Kottmann J P, Martin O J. Retardation-induced plasmon resonances in coupled nanoparticles[J]. Optics Letters, 2001, 26(26):1096-1098.

[106] Koh A L, Fernández-Domínguez A I, Mccomb D W, et al. High-resolution mapping of electron-beam-excited plasmon modes in lithographically defined gold nanostructures[J]. Nano Letters, 2011, 11(3):1323-1330.

[107] Kalkbrenner T, Håkanson U, Schädle A, et al. Optical microscopy via spectral modificatons of a nanoantenna[J]. Physical Review Letters, 2005, 95(20):200801.

[108] Novotny L, Hulst N V. Antennas for light[J]. Nature Photonics, 2011, 5(2):83-90.

[109] Savage K J, Hawkeye M M, Rubén E, et al. Revealing the quantum regime in tunnelling plasmonics[J]. Nature, 2012, 491(7425):574-577.

[110] Russell K J, Liu T L, Cui S, et al. Large spontaneous emission enhancement in plasmonic nanocavities[J]. Nature Photonics, 2012, 6(7): 459-462.

[111] Castro-Lopez M, Brinks D, Sapienza R, et al. Aluminum for Nonlinear Plasmonics: Resonance-Driven Polarized Luminescence of Al, Ag, and Au Nanoantennas[J]. Nano Letters, 2011, 11(11):4674-4678.

[112] Knight M W, Liu L, Wang Y, et al. Aluminum plasmonic nanoantennas[J]. Nano Letters, 2012, 12(11):6000-6004.

[113] Beversluis M R, Bouhelier A, Novotny L. Continuum generation from single gold nanostructures through near-field mediated intraband transitions[J]. Physical Review B, 2003, 68(68):409-412.

[114] Maloney K, Leigh-Erin, Xie A. Mapping surface plasmons on a single metallic nanoparticle[J]. Nature Physics, 2007, 3(5):348-353.

[115] Verhagen E, Spasenović M, Polman A, et al. Nanowire plasmon excitation by adiabatic mode transformation[J]. Physical Review Letters, 2009, 102(20):203904.

[116] Shutaro O, Keiichiro M, Jun O, et al. Spatiotemporal control of femtosecond plasmon using plasmon response functions measured by near-field scanning optical microscopy (NSOM)[J]. Optics Express, 2013, 21(22):26631-26641.

[117] Schumacher T, Kai K, Molnar D, et al. Nanoantenna-enhanced ultrafast nonlinear spectroscopy of a single gold nanoparticle[J]. Nature Communications, 2011, 2(1):101-104.

[118] Su X R, Zhang Z S, Zhang L H, et al. Plasmonic interferences and optical modulations in dark-bright-dark plasmon resonators[J]. Applied Physics Letters, 2010, 96(4): 043113.

[119] Zhang S, Genov D A, Wang Y, et al. Plasmon-Induced Transparency in Metamaterials[J]. Physical Review Letters, 2008, 101(4):238-242.

[120] Benjamin G, Martin O J F. Influence of electromagnetic interactions on the lineshape of plasmonic Fano resonances[J]. Acs Nano, 2011, 5(11):8999-9008.

[121] Verellen N, Sonnefraud Y, Sobhani H, et al. Fano resonances in individual coherent plasmonic nanocavities[J]. Nano Letters, 2009, 9(4):1663-1667.

[122] Miroshnichenko A E, Flach S, Kivshar Y S. Fano resonances in nanoscale structures[J]. Review of Modern Physics, 2010, 82(3):2257-2298.

[123] 张榴晨. 有限元法在电磁计算中的应用[M]. 北京：中国铁道出版社, 1996.

[124] Jin J. The Finite Element Method in Electromagnetics[M]. New Jersey: Wiley-IEEE Press, 2002.

[125] Ru E C L, Etchegoin P G. Principles of Surface-Enhanced Raman Spectroscopy: And Related Plasmonic Effects[M]. Amsterdam: Elsevier, 2008.

[126] Sullivan D. Electromagnetic Simulation Using the FDTD Method[M]. New Jersey: Wiley & Sons, 2013.

[127] 王长清. 电磁场计算中的时域有限差分法[M]. 北京：北京大学出版社, 2014.

[128] 葛德彪. 电磁波时域有限差分方法[M]. 西安：西安电子科技大学出版社, 2011.

[129] Martin A, Tobias B, Alexander F, et al. Coherent two-dimensional nanoscopy[J]. Science, 2011, 333(6050):1723-1726.

[130] Lamprecht B, Krenn J R, Leither A, et al. Resonant and Off-Resonant Light-Driven Plasmons in Metal Nanoparticles Studied by Femtosecond-Resolution Third-Harmonic Generation[J]. Physical Review Letters, 1999, 83(21):4421-4424.

[131] Kelly K. Lance, et al. The optical properties of metal nanoparticles: the influence of size, shape, and dielectric environment. The Journal of Physical Chemistry B, 2003, 107(3):668-677.

[132] Ji B Y, Qin J, Hao Z Q, et al. Features of Local Electric Field Excitation in Asymmetric Nanocross Illuminated by Ultrafast Laser Pulse[J]. Plasmonics, 2015, 10(6): 1573-1580.

[133] Brixner T, Abajo F G D, Schneider J, et al. Nanoscopic ultrafast space-time-resolved spectroscopy[J]. Physical Review Letters, 2005, 95(9).

[134] Sukharev M, Seideman T. Phase and polarization control as a route to plasmonic nanodevices[J]. Nano Letters, 2006, 6(4):715-719.

[135] Sukharev M, Seideman T. Coherent control of light propagation via nanoparticle arrays[J]. Journal of Physics B Atomic Molecular & Optical Physics, 2007, 40(11):283-298.

[136] Cinchetti M, Gloskovskii A, Nepjiko S A, et al. Photoemission electron microscopy as a tool for the investigation of optical near fields[J]. Physical Review Letters, 2005, 95(4): 047601.

[137] Bohren C F, Huffman D R. Absorption and scattering of light by small particles[M]. New Jersey: John Wiley & Sons, 2008.

[138] Chelaru L I, Horn-von Hoegen M, Thien D, et al. Fringe fields in nonlinear photoemission microscopy[J]. Physical Review B, 2006, 73(11): 115416.

[139] Johnson P B, Christy R W. Optical Constants of the Noble Metals[J]. Physical Review B, 1972, 6(12):4370-4379.